W0348348

Joe Fischler

Stall und Käfig selber bauen

Bauanleitung: Der Nager-Palast in 4 Größen
für Kaninchen, Meerschweinchen & Co

Joe Fischler

Stall und Käfig selber bauen

Bauanleitung: Der Nager-Palast in 4 Größen
für Kaninchen, Meerschweinchen & Co

Impressum

Herstellung und Verlag: Books on Demand GmbH, Norderstedt
ISBN: 978-3-8370-4000-5

Bibliografische Information der Deutschen Nationalbibliothek
Die Deutsche Nationalbibliothek verzeichnet diese Publikation in der Deutschen Nationalbibliografie; detaillierte bibliografische Daten sind im Internet über http://dnb.d-nb.de abrufbar.

Inhaltsverzeichnis

Kimi, der kleine Gentleman, auf Frühlings-Endeckungsreise

Unser Bauprojekt in vier unterschiedlichen Größenvarianten

Vorwort

Tiere können Glück empfinden. Davon bin ich überzeugt. Die Haltung von Haustieren ist aber immer mit der Notwendigkeit verbunden, sie einzusperren. Das unterscheidet ihr Schicksal von dem ihrer „wilden" Artgenossen. Unsere kleinen Freunde verbringen ihr Leben hinter Gittern, Zäunen oder in Ställen. Dabei können sie Glück haben, wenn sie bei verantwortungsbewussten Tierhaltern unterkommen. Oft ist das leider nicht der Fall.

Es gibt keine Vorbereitungskurse, wenn wir ein Kaninchen oder Nagetier kaufen. Wir müssen ein Kleintier nicht anmelden wie einen Hund. Wir brauchen uns nicht um eine Stallbox zu bemühen. Kaninchen, Meerschweinchen & Co werden in Tierhandlungen, Gartencentern, auf Märkten und in Ausstellungen angeboten wie die übrige Ware. Nicht selten sind die Tiere viel zu jung, wenn sie hinter Glas auf die Käufer warten. Menschen drücken sich die Nase platt, wecken das Jungtier auf, man will schließlich wissen, was man kauft. Doch der Kauf bedeutet selten ein Ende dieser unwürdigen Verhältnisse. So mancher Nager kommt damit vom Regen in die Traufe.

Wir müssen uns selbst an die Nase nehmen, wenn wir uns an unseren ersten Nagerfreund erinnern. Was haben wir damals über ihn gewusst? Haben wir vorher Bücher gelesen und uns auf die Haltung vorbereitet? Haben wir den Lebensraum sorgfältig eingerichtet? Wie haben wir das Nagetier in unserer Mitte aufgenommen? Haben wir damals eigentlich auch etwas richtig gemacht? Mit diesem Buch möchte ich einen kleinen Beitrag dazu leisten, dass auch Nagetiere die Chance bekommen, ihr Leben glücklich zu verbringen. Es gibt viel, was du dafür tun kannst. Die richtige Unterkunft ist einer der wichtigsten Faktoren. Eine artgerechte Behausung findest du nur ganz selten im Geschäft. Die angebotenen Käfige und Ställe sind meist zu klein, selbst für junge Nagetiere. Nicht selten sind sie auf Einzelhaltung ausgelegt, was schon gar nicht geht. Schließlich musst du erkennen: Will ich meine kleinen Freunde artgerecht halten, muss ich mir Mühe geben, und etwas unternehmen.

Ich werde dir viele Anregungen mit auf den Weg geben, wie du zum verantwortungsvollen Nagerfreund werden kannst. Hauptsächlich möchte ich dir aber anhand eines praktischen Beispiels zeigen, wie man eine artgerechte Unterkunft baut. Egal wo du sie aufstellst – in der Wohnung, auf dem Balkon, im

Garten oder sonst wo – diese Behausung ist universell einsetzbar und lässt sich einfach an unterschiedlichste Anforderungen anpassen.

Der Sinn dieses Ratgebers: Die gezeigte Anleitung enthält alle Handgriffe, Tipps und Tricks des praktischen Käfig- und Stallbaus. Zusätzlich kannst du Videos herunterladen, die wichtige Schritte in bewegten Bildern demonstrieren. Grundsätzlich ist es egal, ob du das gezeigte Projekt baust oder ein eigenes Design verwirklichen möchtest. In diesem Fall kannst du das Buch als Ideenquelle benutzen, wie sich dein Projekt in die Tat umsetzen ließe. Holzverbindungen, Materialien und deren Verarbeitung, praktische und günstige Verschlusstechniken, Reinigungsschublade, Rückzugshaus, Türenbau, Plexiglas-Verarbeitung, Käfig-Unterbau, Rahmenbau und viele andere Details sind bei jedem Käfig oder Stall anwendbar. Du kannst also ganz auf dein eigenes Projekt eingehen, oder den gezeigten Käfig nach deinen Wünschen abändern, größer machen oder die Innen-Einteilung anpassen. Damit möglichst viele Leser ihren Wunschkäfig bauen können, gibt es das vorgestellte Modell in zwei zusätzlichen Größen. Damit kannst du den Käfig auf den Platzbedarf deiner Tiere sowie die räumlichen Voraussetzungen anpassen. Die entsprechenden Materiallisten samt Erklärung stehen auf www.xoppla.net/buch zum Download bereit. Verwende das Kennwort „Materiallisten“. Dort findest du auch alle Bauvideos.

Ich habe mir große Mühe gegeben, dass auch Nicht-Handwerker mit der Anleitung zurecht kommen. Von der detaillierten Materialliste über das nötige Werkzeug bis zum einzelnen Handgriff wird alles ausführlich beschrieben. Die gezeigte Bauanleitung wurde vielfach erprobt und ständig weiterentwickelt. Ich wünsche „Gutes Gelingen!“ und stehe gerne für alle Auskünfte zur Verfügung. Solltest du Lob oder Kritik für mich haben oder mir einen Verbesserungsvorschlag zukommen lassen, bedanke ich mich schon jetzt dafür.

Noch eines - für die Zoologen unter den Lesern: Klar, Kaninchen sind eigentlich gar keine Nagetiere, sondern „Hasenartige“ mit nagerähnlichem Verhalten. Diese Unterscheidung ist für uns jedoch nicht wichtig, daher bezeichne ich auch Kaninchen als „Nager“, denn „nagen“ tun sie zweifellos und ausgiebig.

Erstes Kapitel
Der erste Tag mit unserem Liebling

Ich möchte mit einer kleinen Geschichte beginnen. Darin geht es um ein Kaninchen, es könnte aber genauso gut ein Meerschweinchen, Degu, Chinchilla oder ein anderes Nagetier sein. Das selbe Geschehen spielt sich täglich sicherlich hunderte Male ab – irgendwo auf der Welt, und immer zum Leidwesen des Tiers.

„Ist das Kaninchen nicht total süß?“ fragt die kleine Tochter ihren Papi, als es in seinem Kaufhausgehege loshopst. Und der muss zugeben, dass junge Nagetiere schon etwas Putziges an sich haben. Man könnte den Winzlingen stundenlang zuschauen, wie sie sich gegenseitig anstupsen, herumtollen, spielen, in der Heuraufe herumlungern oder etwas anstellen. Ein junges Tier weckt unwillkürlich den Beschützerinstinkt in uns, wir möchten es mitnehmen, knuddeln und immer darauf aufpassen. So kommt es, dass die Familie ohne viel Überredungskunst um ein tierisches Mitglied wächst. Doch wo soll unser Kaninchen wohnen? Wir können es doch nicht in der Wohnung herumlaufen lassen. Eine Kartonkiste? Nein, die ist zu schnell durchgenagt, und schaut auch nicht gerade toll aus. Feuchtigkeitsbeständig sollte die Unterkunft auch sein, schließlich wollen wir keine Geruchsbildung in den eigenen vier Wänden haben. „Der Drahtkäfig dort drüben schaut doch praktisch aus“, denkt sich der Vater. „Na ja, das Kaninchen ist ja ziemlich klein, da reicht ein 80x40x40cm-Käfig doch völlig.“ Schnell noch eine Tüte Kaninchenfutter, und dann ab zur Kasse! Zuhause angekommen, wird unser kleiner Nagerfreund herumgereicht, alle wollen ihn herzen und lieb haben. Erst spät am Abend bekommt das Tier seine erste Verschnaufpause im Drahtkäfig. Dieser wurde mit Zeitungspapier ausgelegt, um den Urin aufzusaugen. Der Käfig steht im Wohnzimmer, gegenüber der Fernsehwand. Das Kraftfutter wurde in eine Ecke gestreut, die Wasserflasche hängt am Gitter. Gute Nacht? Kann man wohl sagen!

Was ist schief gelaufen? Ich sage mal: „Alles!“. Natürlich ohne böse Absicht. Aber beginnen wir von vorne. Dass Kaninchen und andere Nagetiere überall zu kaufen sind, ist nicht zu ändern. Egal ob Baumarkt, Gartencenter, Zoohandlung oder Jahrmarkt – überall werden die putzigen Freunde angeboten, und viele Menschen drücken sich die Nase platt, um sie zu beobachten. Die Verhältnisse, unter denen die Kleinen auf Käufer warten müssen, sind meist schlecht: zu früh von der Mutter getrennt, wenig Platz, wenige Verstecke (die Käufer sollen sie ja schließlich sehen können), zu viele Tiere in einem Käfig, einseitige Ernährung, ständiges Herausnehmen, Untersuchen und so weiter. Keine schöne Sache, wenn man gerade mal 6 Wochen alt ist. Jetzt wirst du vielleicht fragen: „Was kann ich denn daran ändern?". Du kannst schon jetzt anders handeln als in unserem Beispiel. Kauf dein Nagetier nicht im Vorbeigehen, als wäre es irgendein Konsumartikel, den man halt auch in den Einkaufswagen legt. Bereite dich zuerst auf die Haltung vor.

Vom Züchter oder aus dem Geschäft? Oder gar aus dem Tierheim? Meistens verkaufen die Züchter ihren Nachwuchs ja an die Handelsketten. Die schönsten und gesündesten Tiere werden sie aber vermutlich selbst behalten und an Interessenten abgeben. Es gibt gute und schlechte Züchter. Mit einem „guten" Züchter meine ich nicht den, der die besten und schönsten Rassekaninchen im Angebot hat. Ein „Guter" ist für mich ein verantwortungsvoller Tierfreund. Er/Sie lässt den Tieren ihren Freiraum, lässt sie herumtollen und gibt ihnen viel Platz. Der gute Züchter liebt seine Tätigkeit und trennt sich nur schwer von den Jungtieren. Der Schlechte macht das Gegenteil. Dazwischen gibt es viele Abstufungen. Die Entscheidung liegt bei dir. Schätze das Umfeld ein, aus dem dein Wunschtier kommt. Meist sind hier schon wichtige Weichenstellungen im Leben deines kleinen Freundes erfolgt. Entscheide dich nicht nur für das süßeste Tier. Schau dir auch an, woher es kommt. Wenn du wirkliches Interesse am Tierschutz hast, geh in ein Tierheim. Die dort abzugebenden Nagetiere sind meist schon geimpft und kastriert. Oft wird ein ganzer Wurf abgegeben, sodass auch Jungtiere im Tierheim zu finden sind.

Zur guten Vorbereitung gehört, sich Informationen über artgerechte Haltung in Einklang mit dem Tierschutz zu holen. Viel ist im Internet zu finden, es gibt umfangreiche Literatur zum Thema. Die richtige Ernährung zum Beispiel. Sind Kraftfutter und Drops wirklich gesund? Von der Packung strahlen glückliche Tiere, und gerade günstig sind die Produkte auch nicht, also müssen sie doch gut für die Nager sein. Das junge Kaninchen stürzt sich jedenfalls gierig darauf, also ist es sicher das richtige Futter, oder? Wer sich vorbereitet hat, wird dem widersprechen. Es mag hin und wieder in Ordnung sein, Kraftfutter und Drops als Belohnung einzusetzen. Doch sie ist wohl kaum eine Dauerlösung. Menschen lieben Schokolade, Eis, Pommes Frites und Pizza, aber jeden Tag? Wir würden wohl ziemlich dick werden. Das gleiche Problem ergibt sich bei unseren kleinen Freunden: Zuviel von dem, was besonders gut schmeckt, ist ungesund. Wer sich auskennt, achtet auf abwechslungsreiche Ernährung, zu der etwa Heu, Gemüse und Salat gehören.

Wie geht es dem Kaninchen so alleine? Ich möchte die Frage umdrehen: Wie würde es dir gehen, wenn du dein Leben alleine verbringen müsstest, ohne jemals irgendeinen anderen Menschen zu sehen? „Aber wir sind doch seine Familie", werden viele Neo-Tierhalter sagen. Mag sein, dass man das Tier eine Zeit lang beschäftigen kann. Doch Kaninchen sind Kaninchen, und Menschen sind Menschen. Wer schon einmal gesehen hat, was passiert, wenn bisher alleine gehaltene Nagetiere einem Artgenossen begegnen, weiß, wovon ich schreibe. Der Mensch wird immer eine fremde Art bleiben. Ganz wichtig zum Glücklichsein ist es daher, Nagetiere niemals alleine zu halten, sondern immer mindestens zwei von der gleichen Art zusammen. Das bedeutet auch, dass es nichts bringt, ein Kaninchen mit einem Meerschweinchen zu halten. Sie tolerieren sich zwar, verstehen sich aber deshalb nicht, weil sie nicht zur gleichen Art gehören. Ein Paar besteht immer aus zwei Kaninchen, zwei Meerschweinchen usw.

Einer der wichtigsten Faktoren für eine artgerechte Tierhaltung ist der Lebensraum, der dem Haustier geschenkt wird. Unser kleines Kaninchen hat in seinem 80x40x40cm-Käfig keinen Platz. Es fühlt sich zu Recht eingesperrt. Für alle Lebewesen, also auch uns Menschen, gilt: Je weniger Platz, desto aggressiver werden wir. Schnell können sich bei Mensch und Tier Verhaltensstörungen und Gesundheitsschäden einstellen. Die Auswahl des richtigen Käfigs ist gar nicht so einfach. Schließlich gibt es im Handel fast keine wirklich geeignete Behausung. Dann geht es auch darum, wo man ihn aufstellt. Neben der „ruhigen Lage" muss man auf Luftzug, Fußbodenheizung und Licht achten – gar nicht so einfach! In diesem Buch liegt der Schwerpunkt auf dem Bau einer artgerechten Unterkunft. Zuerst möchte ich dir zeigen, warum die meisten Kaufhauskäfige für dich nicht in Frage kommen sollten.

Außenhaltung bevorzugt. Klar, die Außenhaltung ist der Innenhaltung vorzuziehen. Tiere leben in freier Natur, und artgerechte Haltung würde immer bedeuten, ihnen draußen einen attraktiven Lebensraum einzurichten. Doch viele Familien haben keinen eigenen Garten, Terrasse oder Balkon. Kleintierhaltung in geschlossenen Räumen stellt höhere Ansprüche an den Tierhalter und fordert Rücksichtnahme auf die Bedürfnisse der Tiere. Dazu gehört der Platz, welcher nicht schrumpfen darf, nur weil man drinnen weniger Platz hat als draußen. Das Raumbedürfnis von Kaninchen, Meerschweinchen & Co bleibt das selbe. Dann muss man damit rechnen, dass jedes innen gehaltene Haustier Gerüche verursacht, die man allerdings mit Katzenstreu, regelmäßiger Käfigreinigung und anderen Maßnahmen gut in den Griff bekommen kann.

Der hier vorgestellte Käfig eignet sich sowohl für Außen- als auch Innenhaltung. Da die gesamte Konstruktion auf Rollen steht, gibt es kein Problem mit Fußbodenheizungen (die zur Qual für die Tiere werden, wenn der Käfig am Boden aufliegt), und ein Standortwechsel ist trotz des hohen Materialgewichts leicht möglich. Durch die vertikale Anordnung von 3 Etagen wird dem Aussichtsbedürfnis der Tiere nachgekommen, für Abwechslung ist damit ebenso gesorgt. Über eine seitliche Klappe können unsere Nager ihre Behausung für ihren täglichen Auslauf bequem verlassen. Im praktischen Alltag wirst du die Zerlegbarkeit des Käfigs und die Reinigungsschublade zu schätzen lernen.

Wenn unser Refugium draußen eingesetzt wird, achte auf Sonnenschutz und Belüftung. Seitlich und an der Oberseite sind Lüftungsöffnungen vorgesehen, die nicht zugedeckt werden dürfen. Die Vorderseite mit ihren großen Türen kann z. B. mit einem kleinen Vorhang abgeschattet werden, ohne dass die Lüftung beeinträchtigt wird. Im Winter solltest du das Schutzhaus gut isolieren, jedoch ebenso auf genügend Belüftung achten. Da der Käfig ein- und ausbruchssicher ist, haben Jäger wie Greifvögel, Füchse oder Marder keine Chance.

Noch ein Wort zum Platz: Die Version 140 bietet den Tieren 2,2 m² Platz, die Variante 160 schon 2,5 m². Das ist viel mehr als bei allen handelsüblichen Käfigen. Ein dauerhafter Aufenthalt sollte größeren Tieren wie z. B. Kaninchen aber nur in Lebensräumen von 5-6 m² zugemutet werden. Lass deshalb deine Lieblinge auch täglich außerhalb des Käfigs laufen, etwa in einem Zimmer oder einem Freigehege. Achte dabei jedoch gut auf die Ein- und Ausbruchssicherheit: Kaninchen graben gerne Gänge unter einem Freigehege hindurch, auch nach oben sollte man ein Gehege gut schützen. Im Zimmer sollten sich weder wertvolle Gegenstände befinden, die angenagt werden können, noch Elektroleitungen frei herumliegen. Nimm diese Umstände auf dich, denn mit dem Freiraum steigt die Lebensqualität deiner Schützlinge stark an.

Zweites Kapitel

Gekaufte Käfige und Ställe

Hast du dich schon mal im Geschäft oder im Internet nach Käfigen umgesehen? Dann kennst du vielleicht schon das Angebot. Alle Farben sind erhältlich, verschiedene Materialien, tolle Ausstattungen, nur eines bleibt gleich: Sämtliche Behausungen sind zu klein! Das hat viele Gründe. Einer davon ist, dass das Gewicht eines Käfigs zunimmt, je größer er ist. Schließlich muss man mehr Material verwenden, um ihn herzustellen. Warum ist das entscheidend? Weil die meisten Käfige nicht aus Europa stammen, sondern aus China. Mit enormer Energieverschwendung werden sie um die halbe Welt geschifft, um dann bei uns verkauft zu werden. Die Chinesen schuften für einen Hungerlohn, und trotz hoher Transportkosten kommt der Einkauf immer noch billiger, als die Käfige bei uns produzieren zu lassen. Nicht selten kostet es mehr, die Ware zu transportieren, als sie herzustellen. Und so wird klar, warum im Handel erhältliche Käfige klein sind: weil sich der Transport von artgerechten Behausungen nicht lohnt. Je größer der Käfig, desto größer das Paket, desto weniger Stück passen in einen Übersee-Container. Die Ladung wird nach Container bezahlt, und wo weniger Käfige Platz haben, bleibt weniger Gewinn. So einfach funktioniert die Rechnung.

Ich möchte klar sagen, dass mir das Angebot an Tierkäfigen nicht gefällt. Zu der geringen Größe kommen noch giftige Materialien hinzu. Weichmacher in Plastikwannen schaden jedem Lebewesen, egal ob innerhalb oder außerhalb des Käfigs. Kein schlechtes Geschäft: Kaufleute in Europa verdienen sich am Billig-Trend eine goldene Nase. Was wir um 100,-- € aufwärts kaufen, kostet den Importeur meist nur wenige Euros.

Also lohnt es sich für dich und deine Nager nicht, Käfige im Handel zu kaufen. Sie sind zu klein, gesundheitsschädlich und schließlich - trotz aller Billigproduktion - aufgrund der Profitgier im Handel zu teuer. Konzentriere dich darauf, deinen Lieblingen etwas zu geben, das du nicht im Geschäft bekommst: Das Glück, in einer artgerechten Behausung leben zu dürfen. Es kostet weniger, als du denkst. Es ist einfacher, als man glauben möchte. Und ich verspreche dir eines: Wenn du willst, dann schaffst du es ganz leicht.

Drittes Kapitel

Oft gestellte Fragen – Frequently Asked Questions

Womit soll ich anfangen? du hast dieses Buch in deinen Händen und fragst dich sicher, was denn der erste Schritt ist. Nun, ich würde sagen, es schadet sicher nicht, sich zuerst den Textteil dieses Ratgebers durchzulesen. Er enthält wichtige Informationen darüber, warum eine artgerechte Behausung wichtig ist, warum es keine wirklich tollen Käfige zu kaufen gibt, und wie du den Bau einer solchen Wellness-Oase für Nagetiere in Angriff nehmen solltest. Hast du das Büchlein gelesen, kannst du mit der Materialliste in den Baumarkt gehen, und dich dort umsehen. Die "Zutaten" sind einfacher zu bekommen, als viele es vermuten würden. Wenn du dich nicht zurechtfindest, gibt es in jedem Heimwerkermarkt Mitarbeiter, die dir gerne weiterhelfen. Sie zeigen dir, wo sich die Teile befinden, und sägen dir das Holz sogar passend zu. Frag vorher nach dem Preis, ein Vergleich lohnt sich. Ist etwas nicht vorrätig, so kann dir ein kompetenter Baumarkt-Arbeiter sogar eine Alternative aufzeigen und den Bauplan ein wenig in deinem Sinn abändern.

Muss ich alles genauso bauen, wie es in der Anleitung steht? Der Käfig, den ich dir zeige, wurde in langer Detailarbeit entwickelt. Ich habe meine Zwergkaninchen schon einige Jahre, und so sammelten sich auch einige Käfige an. Zu Beginn kaufte ich sie im Handel. Was gut war, habe ich in die Entwicklung übernommen. So ist die Behausung von vorne bis hinten durchdacht und hat viele nützliche Details zu bieten. Sie ist für Kaninchen ebenso geeignet wie für Meerschweinchen, Chinchillas, Degus, Hamster, Ratten oder andere Nagetiere. Es ist absolut möglich, eigene Ideen zu verwirklichen, die in diesem Plan nicht enthalten sind. Statt des Plexiglases kannst du z. B. Drahtgitter für die Vordertüren verwenden, das ist ein ganzes Stück günstiger und hat keine Auswirkung auf die Funktionalität. Stell den Käfig auf Stützen statt Rollen, wenn du willst. Du kannst ihn ganz einfach mit einem zusätzlichen Querbrett abteilen, was viele Vorteile bietet, etwa wenn man Kaninchen aneinander gewöhnen oder zwei Meerschweinchenfamilien getrennt halten will. Da die Bauanleitung schon einige Zeit erhältlich ist, haben sich immer wieder Kunden gemeldet und Vorschläge für zusätzliche Verbesserungen gemacht. Diese sind in der Anleitung schon enthalten.

Wie soll ich das Holz behandeln, damit es nicht hässlich wird? Nagetiere hinterlassen Spuren, das liegt in ihrer Natur. Sie heißen nun mal Nager, weil sie gerne nagen. Das steckt in ihren Genen, man kann es ihnen auch nicht abgewöhnen. Sie müssen nagen, um ihre Zähne regelmäßig abzunützen, damit diese nicht zu lang werden. Ansonsten wären die Vorderzähne regelmäßig vom Tierarzt abzuzwicken, was sicher nicht angenehm ist - weder für dich als Zuschauer noch deine Lieblinge als Patienten. Finde dich also damit ab, dass Kaninchen, Meerschweinchen, Ratten und andere Haustiere ausgiebig am Holz des Käfigs nagen werden. Lass es zu, denn sie brauchen es. Du solltest ihnen Hölzer und Zweige anbieten, damit lassen sich Nagespuren am Käfig reduzieren. Wegen des Urins: Auch hier lässt es sich nicht vermeiden, dass mit der Zeit Spuren entstehen. Manche Nagetiere können stubenrein werden bzw. suchen sich im Käfig einen Platz für ihr „Geschäft" aus. Dort kannst du eine Toilette mit Katzenstreu positionieren. Kaninchen werden diese zum Buddeln verwenden, wenn sie keine eigene Buddelkiste haben. Trotz aller Vorsicht, Einstreu und Zeitungsunterlagen werden also Gebrauchsspuren entstehen. Mach' dir nichts draus, ein Käfig ist zum Leben da. Das Holz kann man innen mit so genanntem Kinderlack versiegeln, dann bleibt es länger schön. Und wenn ein Einlagebrett mit der Zeit nicht mehr anzusehen ist, dreh es um oder mach' einfach ein neues, das kostet einen Pappenstiel.

Warum wird alles geschraubt? Alle Verbindungen werden geschraubt. Das ist schnell und sauber, hält bombensicher und das Beste: der ganze Käfig lässt sich wieder in alle seine Bestandteile zerlegen.

Wie kann ich beim Einkauf sparen?
Die wichtigsten Spartipps beim Material:

- Vergleiche die Preise in mehreren Baumärkten.
- Verwende verzinktes Gitter statt Plexiglas für die Türen.
- Fertige die Rückwand aus Trapezschalung/Schalungsbrettern statt eines massiven Fichtenbretts.
- Statt Griffen kannst du auch Holzklötzchen anschrauben.
- Statt Rollen lässt sich der Käfig auf andere Unterlagen stellen.

- Das Fichtenholz kannst du vielleicht auch von Dachdeckerfirmen oder Tischlereien in deiner Umgebung beziehen, diese Firmen bekommen das Holz besonders günstig.
- Nimm niemals Holz von erster Qualität, das kostet ein Vielfaches vom so genannten „Naturwuchs" bzw. der II. Wahl. Das reicht für unsere Zwecke absolut aus.
- Schließlich ist ein wichtiger Spartipp, deine Verwandten und Bekannten auf das Projekt aufmerksam zu machen, da ergeben sich manchmal tolle Gelegenheiten, nicht nur bei der Materialbesorgung, sondern auch wegen möglicher Mithilfe.

Wo finde ich die anderen Größenvarianten? Diese Bauanleitung beschreibt die Fertigung des Modells „140". Die Materiallisten für die anderen Größen 120 und 160 sind unter www.xoppla.net/buch, Kennwort „Materiallisten", zu finden.

Wo sind die Bauvideos zu finden? Unter der folgenden Adresse: www.xoppla.net/buch, Kennwort „Materiallisten".

An wen kann ich mich wenden, wenn ich eine Frage habe? Solltest du Fragen, Verbesserungsvorschläge oder Kritikpunkte haben, schick sie bitte an info@xoppla.net.

Viertes Kapitel
Tipps für den Bau

Das **Werkzeug:** Erklärungen zu den Werkzeugen findest du unter http://de.wikipedia.org. Die folgenden Gegenstände sind notwendig, um den Käfig mit dem fertig zugeschnittenen Material zusammenzubauen:

- Akkuschrauber, Schraubenzieher
- Bohrmaschine mit Bohrern
- Schraubenschlüssel
- Tacker mit Klammern
- Hammer
- Kleine Zange
- Seitenschneider für Drahtgitter
- Meterstab („Zollstock“), Maßband, Lineal

Möchtest du das Material auch selbst zurechtsägen und zusammenleimen, empfiehlt sich zusätzlich folgende Ausrüstung:

- Stichsäge, Tischkreissäge
- Dübelfräse oder Dübellehre
- Schleifpapier, Schleifblock, Handhobel
- Tischlerwinkel
- Große Schraubzwinge

Wichtig - vor du das Material besorgst: Schau unter www.xoppla.net/buch, Kennwort „Materiallisten“ nach, ob es Neuigkeiten und Updates rund um diesen Ratgeber und unser Projekt gibt.

„Verzogenes“ Holz: „Ganz schön verzogen, das Holz von heute!“ Mal im Ernst: auch das schönste Leimholz aus dem Baumarkt ist nicht perfekt. Holz lebt, und manchmal muss man ein Brett begradigen, oder dessen Umgebung anpassen. Also keine Panik, wenn ein Holz mal nicht ganz genau auf dem anderen Holz aufliegt und sich ein Spalt bildet. Manchmal reicht es schon, eine

Schraube neu zu setzen, und das Problem ist beseitigt.

VORSICHT! Wenn du zum ersten Mal mit Kreissäge, Bohrmaschine und Co arbeitest, lass dich unbedingt von einem erfahrenen Handwerker in die Bedienung einweisen. Vor allem die Sägen sind sehr gefährlich, also **arbeite konzentriert und pass auf dich auf!**

Tutorials: Ich habe einige Videos produziert, die dir die wichtigsten Handgriffe in bewegten Bildern erklären sollen.

Video 1: Kreissäge, Stichsäge, Zuschnitt
Video 2: Einfacher Rahmen
Video 3: Holz verbinden - dübeln und leimen
Video 4: Bretter verschrauben
Video 5: Schleifen und hobeln
Video 6: Plexiglas bohren
Video 7: Die "unendliche Zwinge"

Die Videos und andere wichtige Informationen findest du unter: www.xoppla.net/buch, Kennwort „Materiallisten". Schau dir die Videos an, ich habe versucht, alle wichtigen Schritte zu erläutern, die sich nicht auf den Fotos zeigen lassen. Wenn du gerne noch weitere Videos hättest, bitte schick' mir eine E-Mail oder ein Kommentar. Ich werde mich bemühen, alles so gut wie möglich zu erklären.

Die Materialliste – Die „Zutaten" für unseren Käfig: Die detaillierte Materialliste findest du in Anhang dieses Büchleins. Kopier sie heraus und geh damit in den Baumarkt, dort wird man dir entsprechend weiterhelfen und das Material auf Wunsch auch passend zuschneiden. Hast du in deinem Bekanntenkreis einen Heimwerker oder eine Materialquelle, kannst du noch ordentlich sparen. Dachdeckerfirmen könnten ebenfalls eine nützliche Adresse sein, sie kommen günstig an Material in der gewünschten Spezifikation.

Mit wenigen Änderungen ist es sogar möglich, andere Größen als die beschriebene Variante 140 zu bauen. Auf www.xoppla.net/buch findest du zwei weitere Materiallisten zum Download, samt Beschreibung, wie du beim Bau der kleineren bzw. größeren Variante vorgehen kannst. Das Kennwort für die Download-Seite lautet „Materiallisten".

Fünftes Kapitel

Der Bau - Unser Käfig

Wissenswertes über unser Projekt:

- geeignet für Meerschweinchen, Kaninchen, Hamster und andere Haustiere
- 2,2 m² Platz im Käfig
- Breite/Höhe/Tiefe: 140 x 130 x 60 cm
- 3 Etagen mit Verbindungstreppen
- komplett zerlegbar, leichte Reinigung
- Belüftungsöffnungen seitlich und an der Oberseite
- Fronttüren mit Plexiglas
- mit Rückzugshaus
- Seitliche Auslaufklappe
- 2 weitere Größenvarianten erhältlich

Komplett zerlegbar!

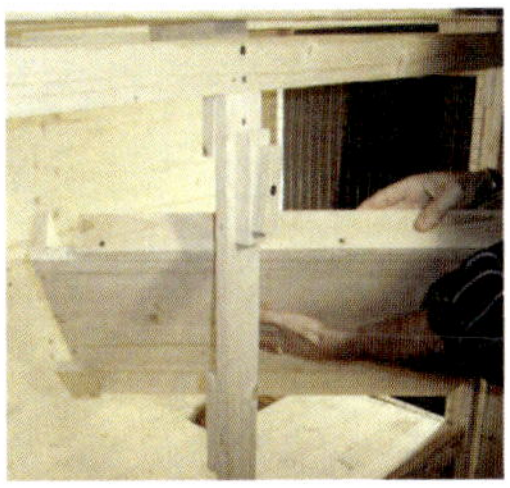

Mit Inhalt

Ohne Inhalt

Wie zu sehen, ist der Käfig massiv gebaut. Alle Einbauten lassen sich zur Reinigung entfernen, auch die Vordertüren mit dem Plexiglas. Der Käfig wird seitlich und oben belüftet (Spalt oben: 1,8 cm), unten befindet sich die Reinigungsschublade. Über Aufgänge erreichen die Tiere die oberen Etagen. Die gesamte Konstruktion steht auf Rollen und lässt sich leicht hin- und herschieben.

Vorbereitung für den Bau: Besorge dir die Einzelteile anhand der Materialliste ganz hinten im Buch. Du kannst dir die Liste auch unter www.xoppla.net/buch, Kennwort „Materiallisten“, herunterladen und ausdrucken. Schau nach, ob es unter dieser Adresse News und Ergänzungen für dieses Buch gibt.

Wunschgrößen: Wie bereits erwähnt, hast du die Möglichkeit, diesen Käfig in einer kleineren und einer größeren Variante zu bauen. Die entsprechenden Materiallisten findest du ebenfalls auf der oben beschriebenen Seite. Diese ergänzenden Listen enthalten auch eine Beschreibung, wie du beim Bau der anderen Größen vorgehen solltest, da dann die Abstandsangaben in den Fotos und Beschreibungen abzuändern sind.

Der Bau des Käfigs in der Standardgröße 140: So, los geht's! Das Material liegt bereit, also fangen wir einfach an zu bauen. In jedem Bauabschnitt findest du zuerst die entsprechende Materialliste. Leg dir die Stücke zurecht und arbeite Schritt für Schritt. Schon nach wenigen Arbeitsschritten siehst du die Behausung „anwachsen“, was zum Weiterbauen motiviert.

1. Das Grundgerüst

Material	Menge	Maß
Leiste Fichte, 18mm dick	1	3,6x136,4 cm
Leiste Fichte, 18mm dick	1	8,5x136,4 cm
Leiste Fichte, 18mm dick	1	11x136,4 cm
Leiste Fichte, 18mm dick	5	5x56,4 cm
Spax-Schrauben 4 x 30 mm	25	
Schrauben mit Muttern	16	6x35 mm
passende Beilagscheiben	32	
Transportrollen ohne Stopper	2	
Transportrollen mit Stopper	2	

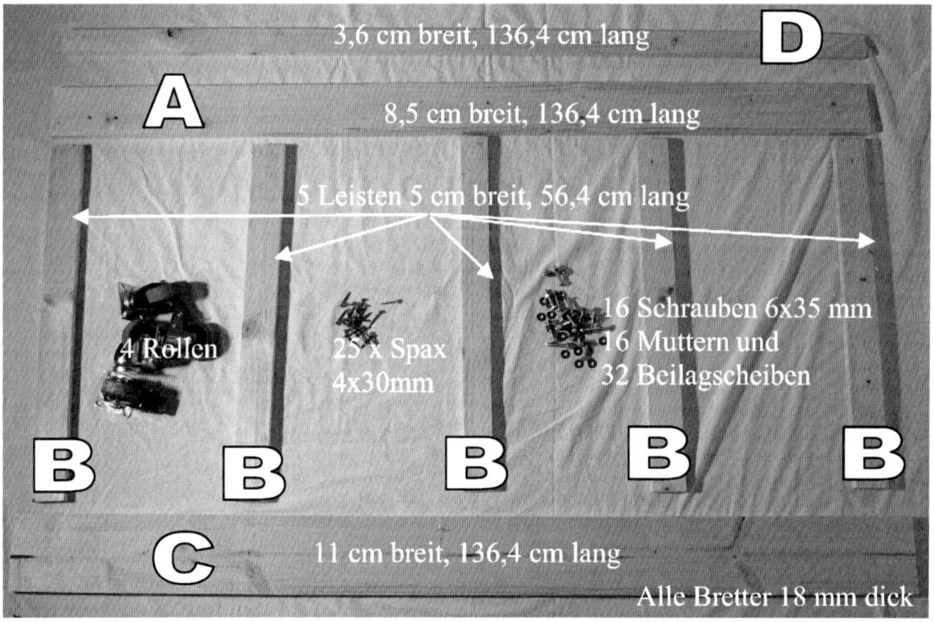

Als ersten Schritt bauen wir das Grundgerüst. Dieses ist die Basis für alle weiteren Aufbauten. Bereite das Material wie beschrieben vor.

1.2

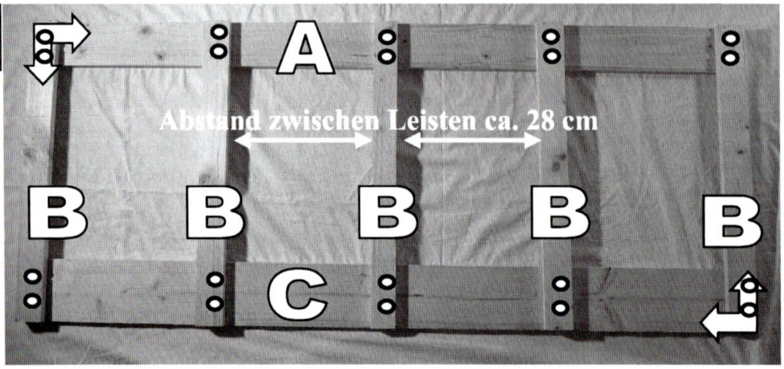

Fang damit an, die Querleisten wie auf dem Foto ersichtlich über die 136,4 cm Länge der Teile A und C aufzuteilen. Der Abstand zwischen den einzelnen Querleisten beträgt ca. 28 cm. Verwende auf 2 Seiten einen Winkel (weiß eingezeichnet), um ein genaues Rechteck zu bilden. Die markierten Punkte kennzeichnen die jetzt folgende Schraubverbindung. Für höhere Stabilität kann zusätzlich geleimt werden.

1.3

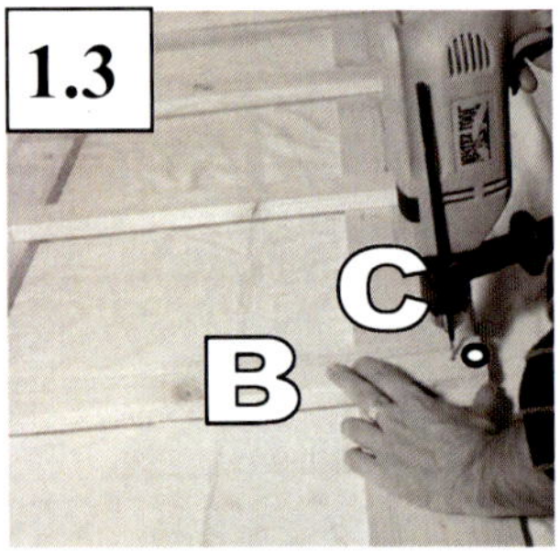

Bohre die Löcher für die 4x30mm Spaxschrauben vor. Es ist nicht nötig, diese vorzuzeichnen. Verwende einen 5 mm Bohrer (immer 1 mm mehr als der Durchmesser der Schraube). Lass ca. 3 cm Abstand zum Rand (siehe Markierung). Pass auf, dass du nur durch Teil B bohrst, die Spax-Schraube bohrt sich von alleine in das untere Teil C. Bohre die Löcher an allen 20 gekennzeichneten Stellen.

1.4

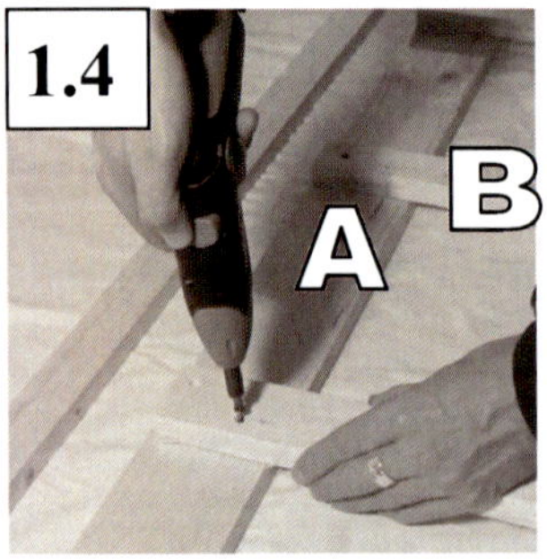

Verschraube jetzt die Teile A, B und C miteinander. Pass auf den rechten Winkel auf (siehe 1.2).

1.5

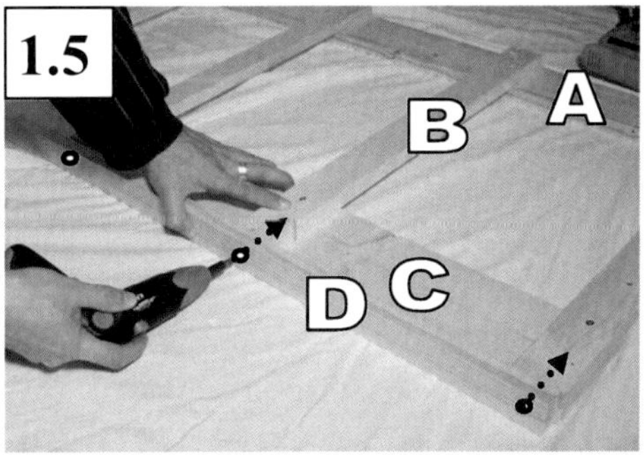

Jetzt kommt Teil D an Teil C. ACHTUNG: Teil C ist das breitere Teil. Bohre wieder die Löcher vor (wie in Schritt 1.3, nur durch Teil D). Es sind 5 Löcher, in der Mitte der Abschnitte, an denen Teil B auf Teil C liegt. Schraube Teil D auf Teil C (mit Spax 4x30mm wie bisher). Teil D sollte jetzt schön bündig abschließen.

1.6

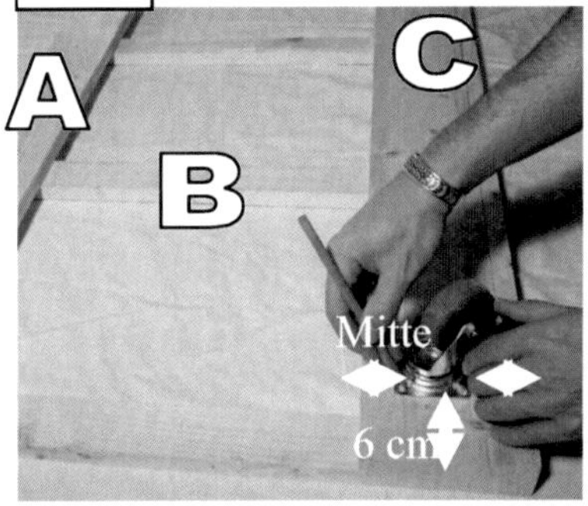

Dreh die ganze Konstruktion jetzt um. Wir markieren und bohren jetzt die Löcher für die 4 Rollen. WICHTIG: Auf Teil C kommen die Rollen mit Stopper, da dies die Vorderseite des Käfigs ist. Der Abstand vom Außenrand zur Rolle beträgt 6 cm, in der Mitte von Teil C bzw. Teil A.

Bohren der Löcher: Verwende einen 7 mm-Bohrer.

Fertig!

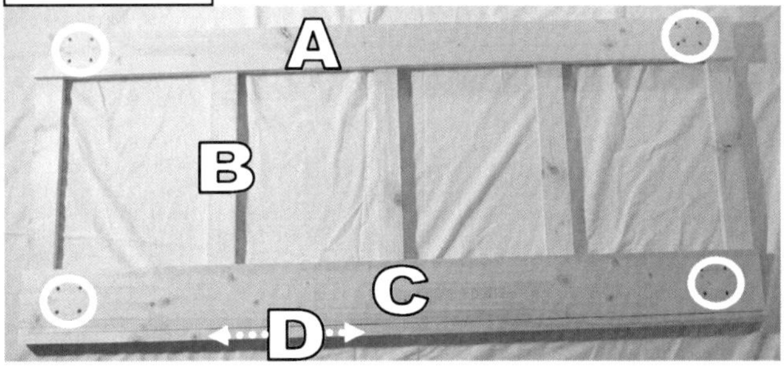

So, das Grundgerüst ist fertig. Hier siehst du es von unten, mit den gebohrten Löchern für die Rollen. Dreh es wieder um, jetzt kommen die Rück- und Seitenwand dazu.

2.-3. Linke Seiten- und Rückwand

Material Seiten- und Rückwand	Menge	Maß
Leimholz Fichte, 18mm dick	1	120x136,4 cm
Leimholz Fichte, 18mm dick	1	60x120 cm
Spax-Schrauben 5 x 50 mm	12	

Die Teile E und F sind die größten Bauteile des Käfigs. Aufgrund des hohen Gewichts sollte man es strategisch angehen, sie mit dem Grundgerüst zu verbinden.

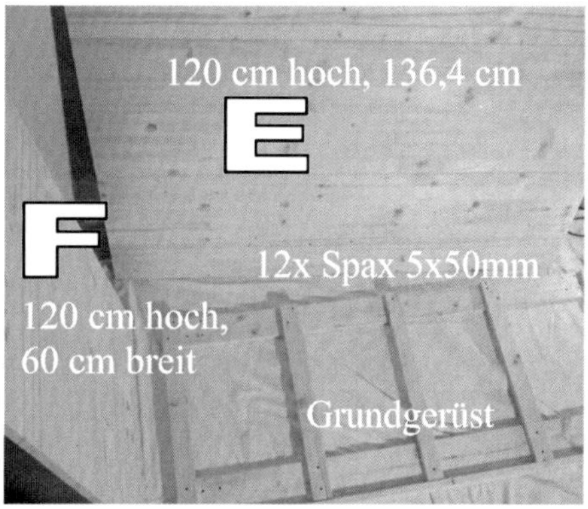

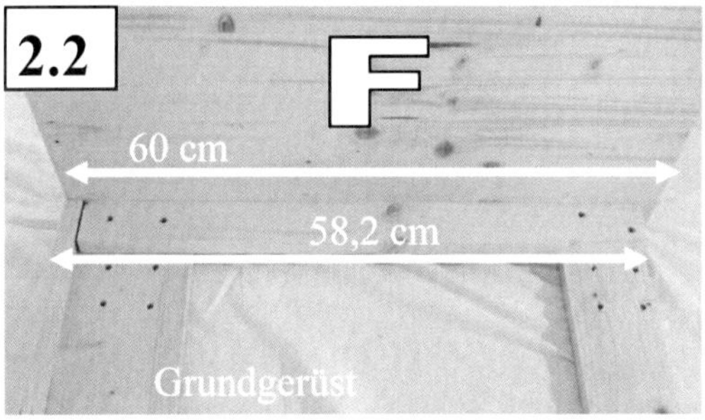

Zuerst kommt Teil F wie auf dem Foto zu sehen an das Grundgerüst und wird von hinten verschraubt. An der Hinterseite ragt Teil F um 18mm über das Grundgerüst hinaus. Vorne schließt es bündig mit dem Grundgerüst ab.

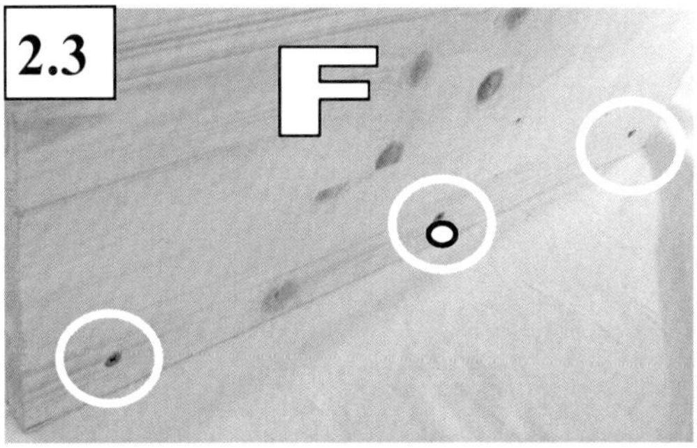

Bohre mit einem 6mm-Bohrer 3 Löcher verteilt über die Breite, aber nur in Teil F, Abstand vom Boden (Markierungspunkt) = 2,7 cm. Schraube Teil F mit 3 Spax 5x50mm an das Grundgerüst.

Stell jetzt die große Rückwand E dazu und verschraube sie provisorisch mit einer Schraube 5 x 50mm mit Teil F (ganz oben), sodass Teil E sicher steht.

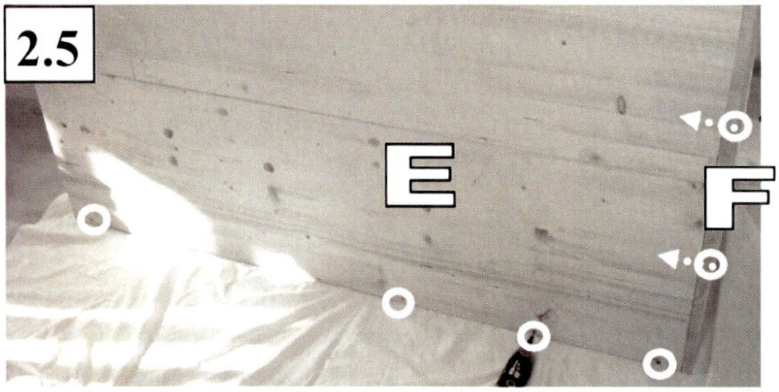

Jetzt folgt die sichere Befestigung von Teil E am Grundgerüst. Über die ganze Länge verteilt verwenden wir 6 Schrauben. Der Abstand der Löcher vom Boden beträgt 9 mm. Bohre wieder zuerst die Löcher (6mm-Bohrer; nur durch Teil E) und verschraube die Teile mit 5 x 50 mm Spaxschrauben. Zur Sicherheit verschrauben wir auch Teil F und E noch mit 2 zusätzlichen Schrauben (oben wurde ja bereits einmal geschraubt).

Jetzt stellen wir die Konstruktion auf Rollen. Die Löcher haben wir ja schon gebohrt. Zuerst kommen die hinteren Rollen (ohne Stopper!). Fang mit dem Eck an, an dem Teil E und Teil F zusammentreffen. Hebe alles von vorne am Eck vorsichtig auf, schieb die Rolle darunter und steck die Befestigungsschraube mit Beilagscheibe von unten hinein. Oben kommt jetzt eine Beilagscheibe sowie die Mutter darauf. Mach das an allen 4 Ecken.

Da Holz nie ganz gerade ist, wird jetzt wahrscheinlich eine Rolle nicht ganz den Boden berühren. Das macht überhaupt nichts. Mit den dazukommenden Teilen und Einbauten erhöht sich das Gewicht und der Käfig steht schließlich sicher auf allen 4 Rollen.

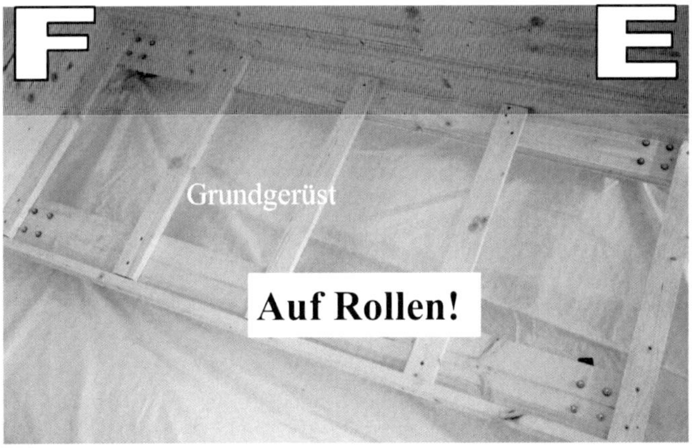

4.-5. Rechte Seitenwand

Material rechte Seitenwand	Menge	Maß
Leiste Fichte, 18mm dick	2	5x60 cm
Leiste Fichte, 18mm dick	2	5x70 cm
Leimholz Fichte, 18mm dick	2	20x40 cm
Leiste Fichte, 18mm dick	2	2x70 cm
Leiste Fichte, 18mm dick	2	2x46 cm
Drahtgitter	1	52x72 cm
Spax-Schrauben 4 x 40 mm	16	
Spax-Schrauben 5 x 50 mm	11	
Spax-Schrauben 5 x 80 mm	5	
Holzdübel rund	1	10 mm dick

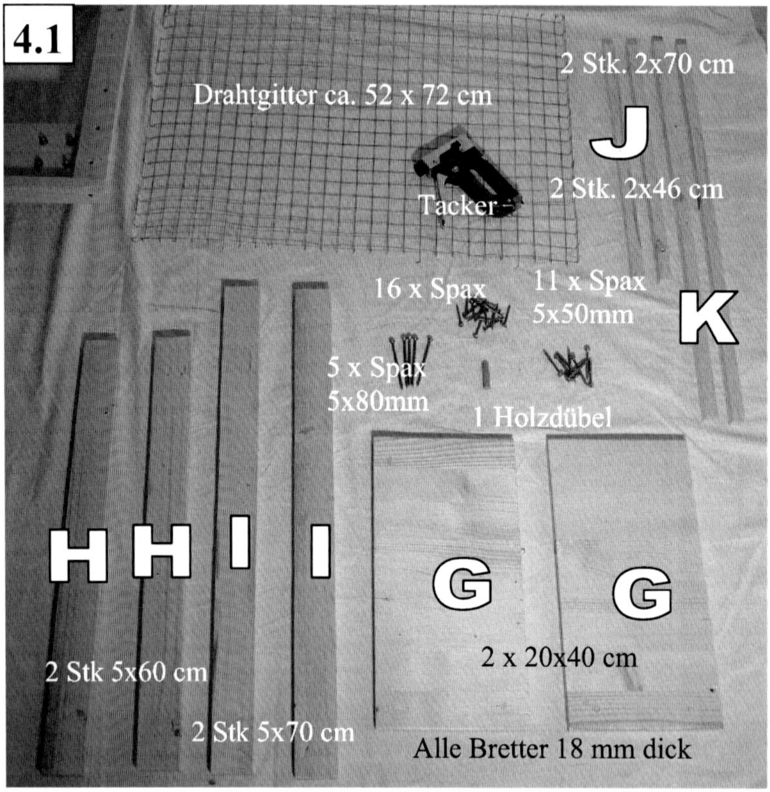

Wir beginnen mit dem Anbau der zweiten Seitenwand. Teil G (20x40 cm, 18mm dick) schließt unten bündig mit Teil E (große Rückwand) ab. Bohre 4 Löcher vor (6mm-Bohrer) und schraube Teil G mit 5x50mm-Spax an. Während die seitlichen Löcher 9mm vom Rand entfernt sind, beträgt der Abstand der unteren Löcher von der Unterkante gemessen 3cm. Der Abstand zwischen den einzelnen Schrauben ist nicht so wichtig.

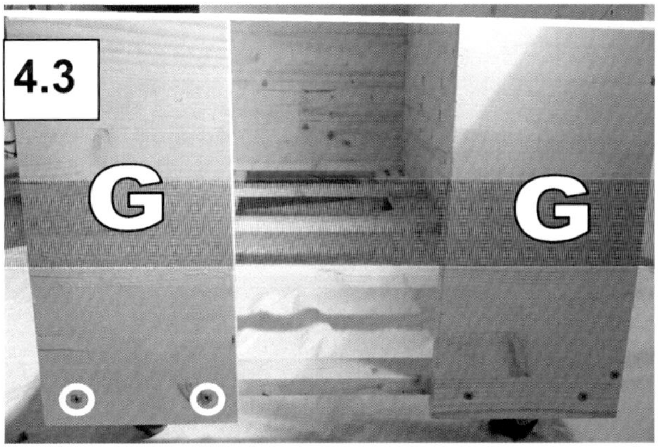

In gleicher Weise kommt jetzt das zweite G-Teil an die Konstruktion. Hier sind nur 2 Löcher/Spax notwendig. Wiederum wird das Teil unten bündig angebracht, der Lochabstand beträgt von unten gemessen wieder 3 cm. Um ganz genau zu arbeiten, kannst du das Teil mit einer Wasserwaage ausrichten (weiße Linie). Wenn du das machst, achte darauf, ob beide Rollen den Boden berühren.

Auf die Teile G kommt jetzt Teil H. Da wir die 5 cm breite Leiste quer durchbohren, ist Vorsicht beim Bohrvorgang angesagt (6mm-Bohrer): Genau mittig bohren! Das Loch ganz links im Foto sollte max. 2 cm Abstand zum Rand haben, die anderen Löcher nach eigenem Ermessen setzen. Zum Verschrauben brauchen wir jetzt die langen 5x80mm-Spax. Zusätzlich wird die Querstrebe H mit einem 5x50mm-Spax an Teil E geschraubt (Abstand wieder 9 mm vom Außenrand).

Um auf der Vorderseite das Teil H mit Teil I elegant zu verbinden, setzen wir einen Dübel. Bohre ein 10mm-Loch, ca. 2 cm tief, ca. 2,5-3 cm vom Rand entfernt. Dann mit der Dübellehre die Markierung in Teil I setzen, dort ebenso das Loch bohren.

Ist das mit dem Dübel zu kompliziert, siehe „Alternative“ auf Seite 33!

4.6

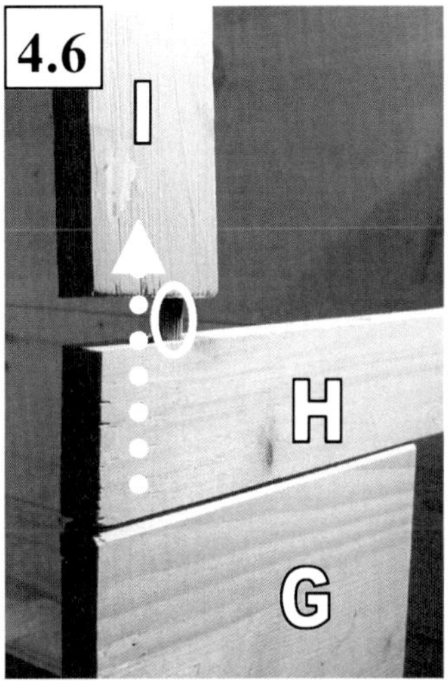

Hier siehst du den Dübel zwischen Teil H und I. Bei mir ist der nicht ganz in der Mitte, macht aber nichts. Wichtig ist, dass die Verbindung hält.

ALTERNATIVE: Ist das mit dem Dübel zu kompliziert, schraube zuerst Teil I und H zusammen (siehe Pfeil), bevor du wie im Schritt 4.4 beschrieben Teil H an Teil G befestigst.

Jetzt kommt das zweite I-Teil auf Teil H. Hier brauchen wir keinen Dübel oder Schrauben zwischen H und I. Es reicht, Teil I mit 3 5x50mm-Spax an Teil E zu schrauben.

Wiederum mit einem 6 mm-Bohrer vorbohren - nur in Teil I - und dann verschrauben. Der Abstand vom Rand beträgt wieder 9 mm.

4.7

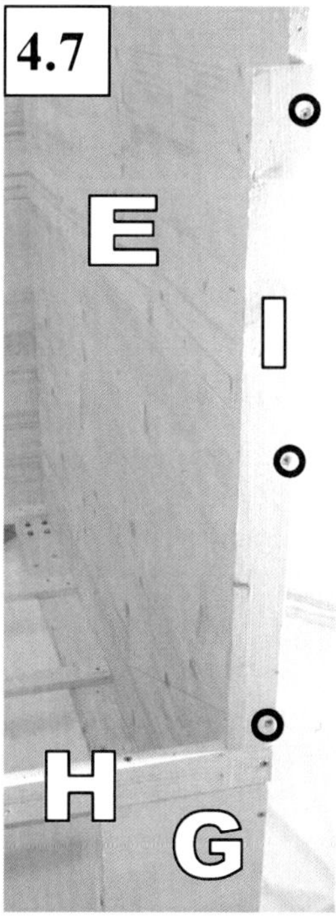

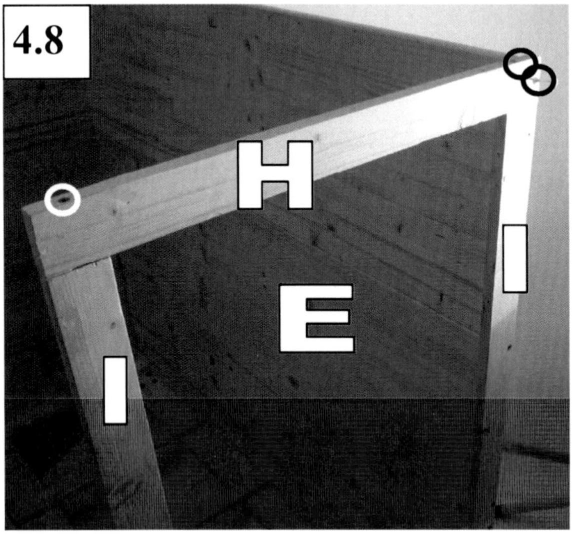

Wir schließen das Seitenteil oben mit dem zweiten H-Teil ab. Ähnlich wie im Schritt 4.4 benötigen wir 2 Stück (lange) 5x80 mm-Schrauben (von oben verschraubt), sowie eine 5x50mm-Spaxschraube für die Befestigung an Teil E.

Loch bohren und verschrauben: wie in den bisherigen Arbeitsschritten.

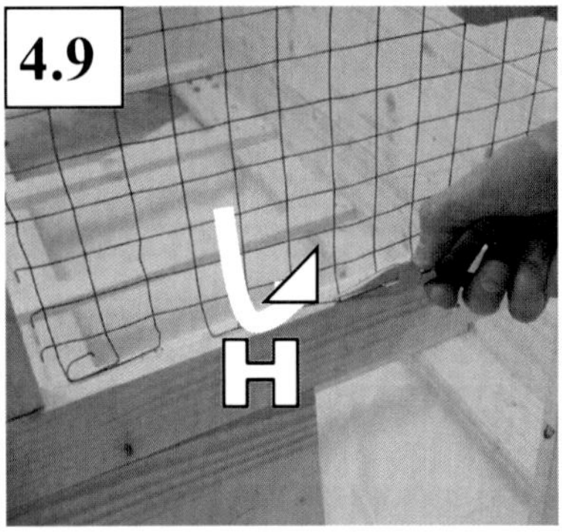

Jetzt wird das Gitter angepasst. Ich habe mich dazu entschlossen, es durch Leisten abzudecken, damit sich die Tiere nicht an den Drahtenden verletzen können. Dazu werden die Enden zuerst mit einer Zange nach außen gebogen und das Gitter passend gemacht.

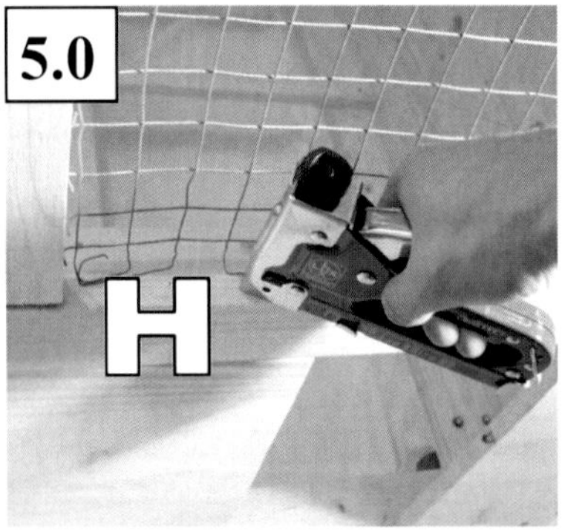

Das provisorisch angepasste Gitter wird mit einem Tacker an allen 4 Seiten befestigt, damit es hält. Die eigentliche Befestigung erfolgt mit den Leisten J und K.

Die Leisten K (seitlich) fixieren das Gitter. Sie werden mit je 5 4x40mm-Spax an die I-Teile geschraubt. Das Gitter wird dabei gespannt. Dann kommen oben und unten die Leisten J dazu, jeweils mit 3 4x40mm -Spax. Schrauben-Bohren: 5mm Bohrer, nur durch Teil K vorbohren, dann verschrauben - wie bisher.

Hier sieht man das Gitter nochmals von der Innenseite. Alle Enden sind jetzt durch die Leisten I und J abgedeckt. Wenn nötig, mit einem Hammer nachhelfen, damit das Gitter schön anliegt.

6. Auslauf-Klappe

Material Auslauf-Klappe	Menge	Maß
Leimholz Fichte, 18mm dick	1	10x20 cm
Leimholz Fichte, 18mm dick	1	20x30 cm
Leiste Fichte, 18mm dick	1	2x7 cm
Leiste Fichte, 18mm dick	1	5x56 cm
Leiste Fichte, 18mm dick	7	0,5x18 cm
Scharniere einfach	2	
Griff	1	
Spax-Schrauben 5 x 50 mm	2	
Spax-Schrauben 4 x 30 mm	5	
Spax-Schrauben 3 x 12 mm	12	

Jetzt kommt die Auslauf-Klappe in die rechte Seitenwand. Auf dem Foto unten siehst Du die 7 0,3x18 cm Leisten bereits aufgetackert. Diese dienen dem Haustier als Halt, damit die Auslaufklappe keine Rutschpartie wird.

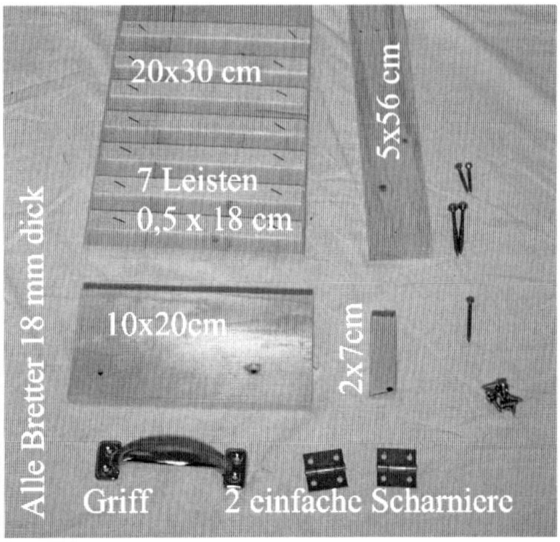

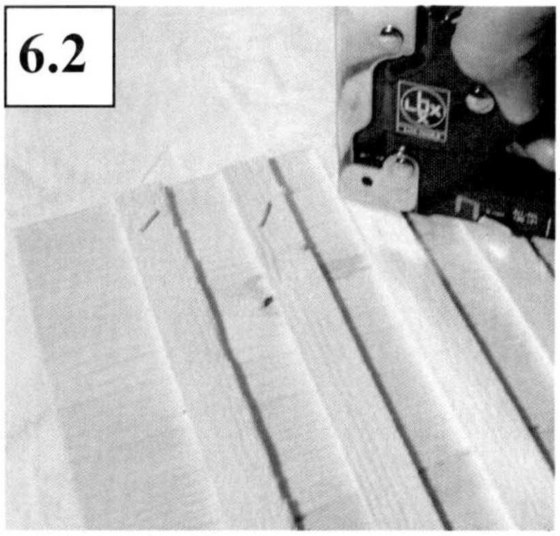

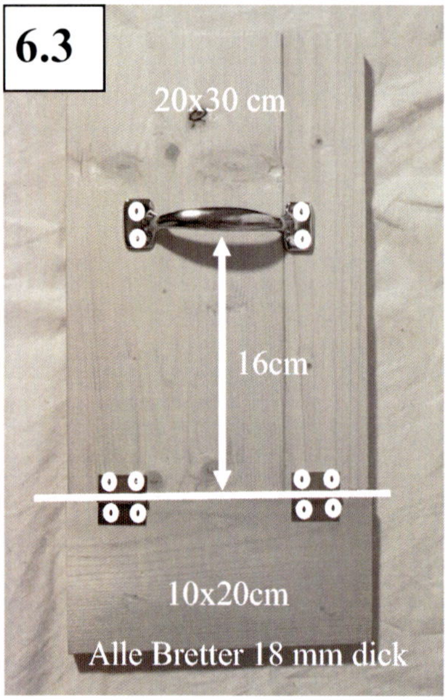

Im Schritt 6.3 befestigen wir Scharniere und Griff mit dem 3x12 mm-Schrauben. Die Löcher werden mit einem Bleistift angezeichnet und mit einem 2 mm-Bohrer vorgebohrt. Nicht durchbohren! Zwischen den Brettern kannst du 1 mm Spalt lassen. Der Griff wird ca. 16 cm von der Unterkante entfernt montiert.

An der Rückseite des Brettes mit dem Griff wurden die Leisten aufgetackert (6.2).

Jetzt befestigen wir die Klappe am Rahmen. Die Schrauben sitzen 3 cm über der Unterkante (siehe Markierung). Zuerst probieren, ob die Klappe passt, und falls nötig den Abstand variieren. Wir verwenden 2 Stück 5x50 mm Spax. Mit einem 6 mm-Bohrer das vordere Brett durchbohren und dann festschrauben.

An der Außenseite montieren wir in der Mitte der Klappe ein Klötzchen (2x7cm) an Teil H, dieses ist der Verschluss für die Auslaufklappe. Dazu verwenden wir eine 4x30mm-Spaxschraube, das Klötzchen wird mit einem 5 mm-Bohrer vorgebohrt.

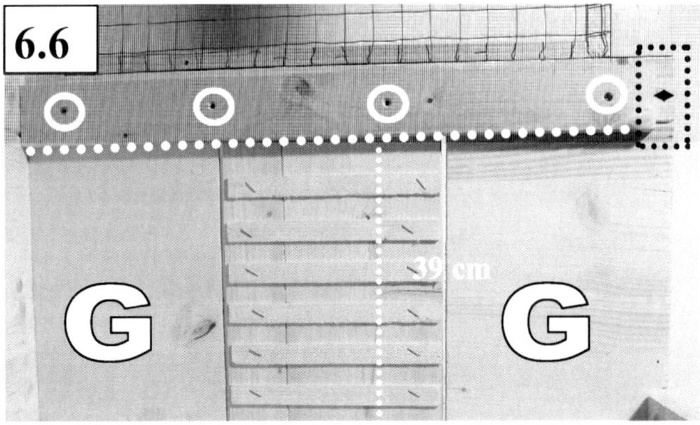

Jetzt fehlt nur noch ein Anschlag an der Innenseite, dann sitzt die Klappe fest. Dazu verwenden wir das 5x56 cm-Brett, welches wir quer über die Klappe mit 4 Stück 4x30mm-Spax an Teil G anschrauben. Der Abstand der Unterkante des Bretts zur Unterkante des Käfigs beträgt 39 cm. Vorne min. 2 cm Platz lassen (schwarz markiert). Vorbohren: mit einem 5mm-Bohrer.

7. Schublade

Material Schublade	Menge	Maß
Polystyrol 2 mm	1	58x136 cm
Leimholz Fichte, 18mm dick	1	12x140 cm
Leiste Fichte, 18mm dick	1	5x136 cm
Leiste Fichte, 18mm dick	1	5x132,4 cm
Leiste Fichte, 18mm dick	2	5x56,4 cm
Leiste Fichte, 18mm dick	2	3x16 cm
Leiste Fichte, 18mm dick	1	3x52 cm
Spax-Schrauben 5 x 50 mm	4	
Spax-Schrauben 4 x 30 mm	27	
Spax-Schrauben 3 x 12 mm	4	
Griff	1	

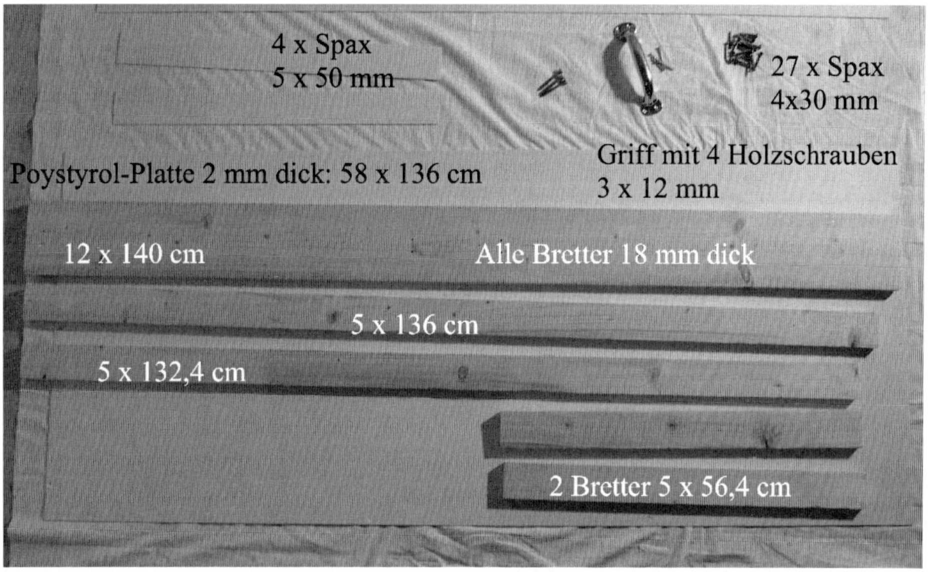

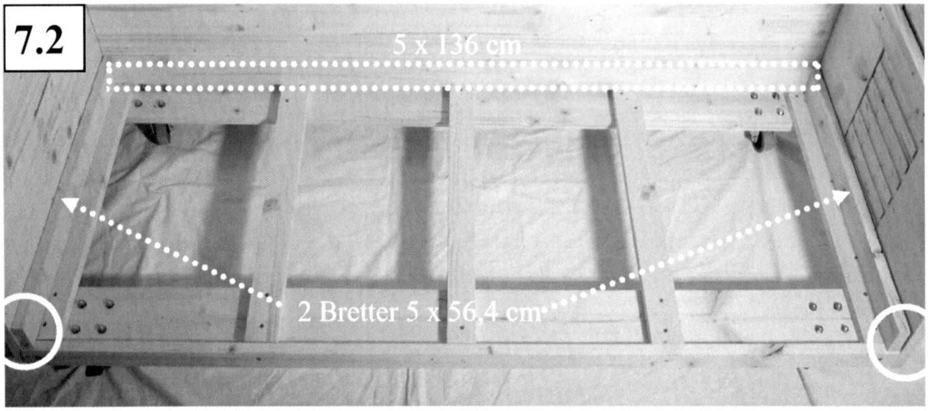

Für die Schublade legen wir zuerst Seiten- und Rückleiste in die Konstruktion und schauen, ob diese passen (sie sollten etwas Spiel haben, damit sich die Schublade leicht einschieben lässt). Vorne schließen die Seitenteile bündig ab (Kreise).

Das vordere Brett wird mit Schraubzwingen am Käfig befestigt. Darauf achten, dass dieses unten und seitlich bündig abschließt.

7.5

Links und rechts der Seitenleisten je 2,5 mm Spalt lassen (punktiert in 7.3 und 7.5 eingezeichnet; evtl. Pappkartonstreifen einlegen). Mit einem Bleistift markieren, wo Seiten- und Vorderteil der Lade aufeinander treffen. Dann alles aus der Konstruktion herausnehmen.

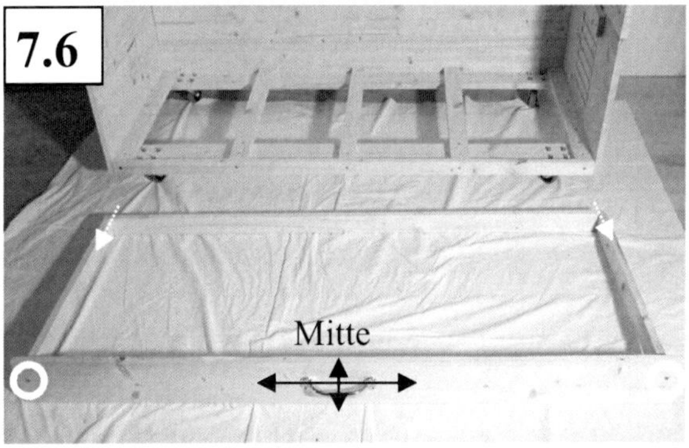

7.6

Die 4 Bauteile werden jetzt in gewohnter Weise mit 4 Stück 5x50mm-Spax verschraubt. Zuerst Seiten- und Rückteil miteinander verschrauben, dann das Vorderteil an der gekennzeichneten Stelle. Den Griff genau mittig an der Vorderseite anbringen (siehe Schritt 6.3).

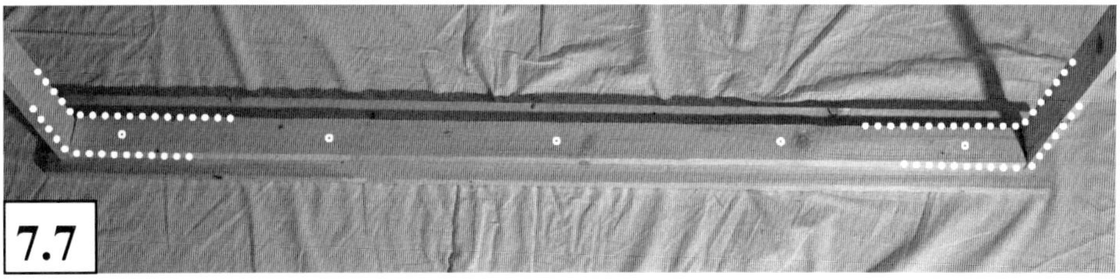

7.7

Auf der vorderen Innenseite bringen wir die letzte Leiste an (5x132,4 cm). Verwende 4x30mm-Spaxschrauben. Vorbohren: mit einem 5mm-Bohrer. Die Leiste brauchen wir, um später die Polystyrol-Platte unten an allen 4 Seiten anbringen zu können. Achte auf saubere Übereinstimmung an den gekennzeichneten Übergängen.

7.8

Der Schubladen-Rahmen ist fertig. Später werden wir an der Unterseite die Polystyrol-Platte anbringen. Die übrig gebliebenen Schrauben brauchen wir für deren sichere Befestigung.

7.9.1

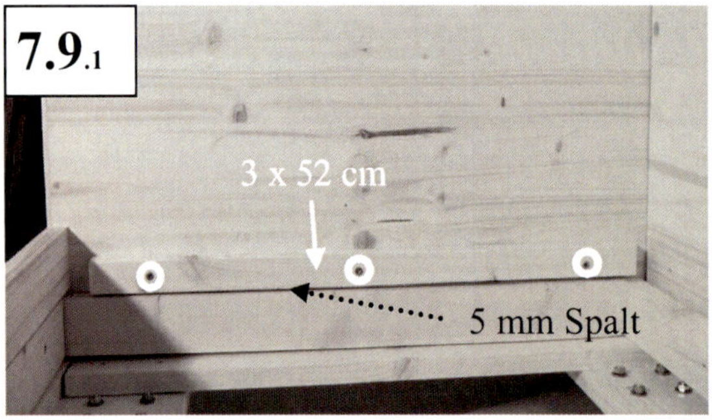

7.9.2

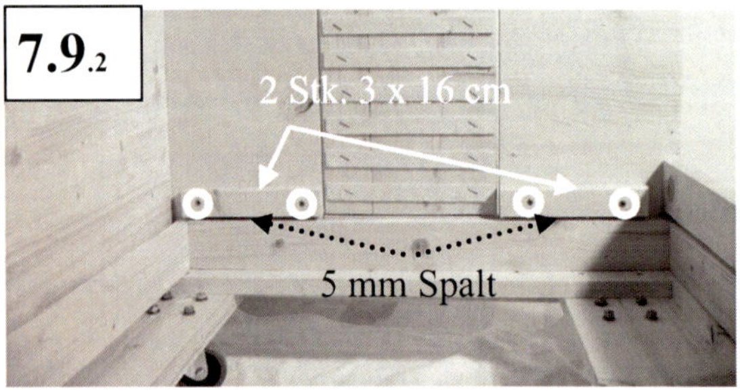

Zuletzt montieren wir an den Seitenwänden noch Führungen für die Schublade. Wie immer verwenden wir 18 mm dicke Leisten aus Fichte. Befestige diese Leisten wie auf dem Foto zu sehen mit 4x30mm-Spax. (Leisten vorbohren mit 5 mm-Bohrer …) Lass gut 5 mm Spalt zwischen Schublade und Führung (schwarze Pfeile; evtl. Pappkarton einlegen).

8. Rampe

Material Auflauframpe	Menge	Maß
Leimholz Fichte, 18mm dick	1	20x60 cm
Leiste Fichte, 18mm dick	15	0,5x18 cm
Spax-Schrauben 5 x 50 mm	4	

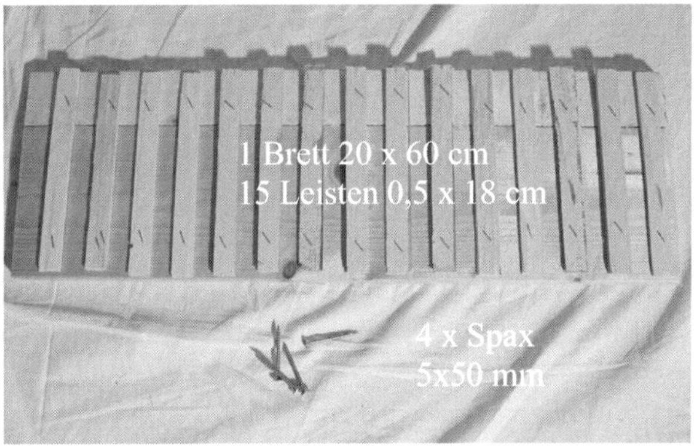

Über die Rampe gelangt das Haustier von der untersten Ebene zur mittleren. Zuerst die 15 Leisten auf das Brett tackern.

8.2

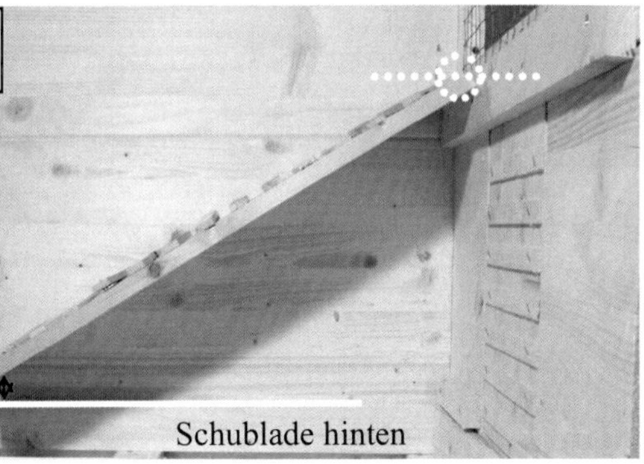

Hier siehst du die Position der Rampe. Sie fängt links 3cm über der Oberkante der Schublade an und endet rechts auf gleicher Höhe wie der Türanschlag (6.6). Die obere Kante der Rampe schräg abschleifen (punktierte Linie).

8.3

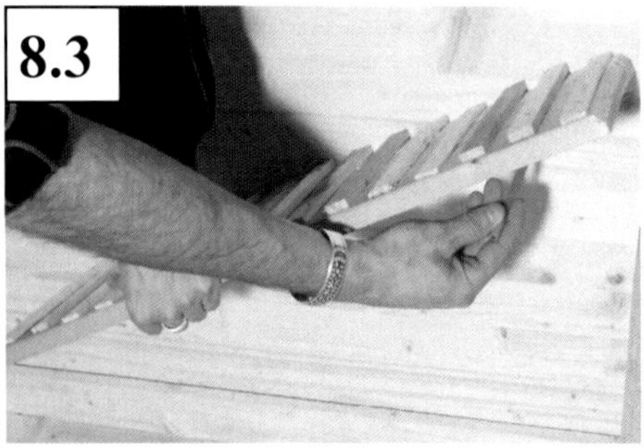

Zeichne mit Bleistift die Linie an. Du kannst das Brett oder ein Lineal verwenden. Dann 4 Löcher bohren (6 mm; siehe Kreismarkierung unten). Zuletzt die Rampe von hinten mit 5x50mm-Spax festschrauben. Dabei sollte jemand vorne das Brett festhalten. Darauf achten, dass die Schrauben genau in der Mitte der Rampe versenkt werden. Alternativ kann man die Rampe auch von unten mit 2 90°-Eisenwinkeln befestigen.

9. Längsverstrebung

Material Längsverstrebung	Menge	Maß
Leiste Fichte, 18mm dick	2	5x136,4 cm
Spax-Schrauben 5 x 50 mm	4	

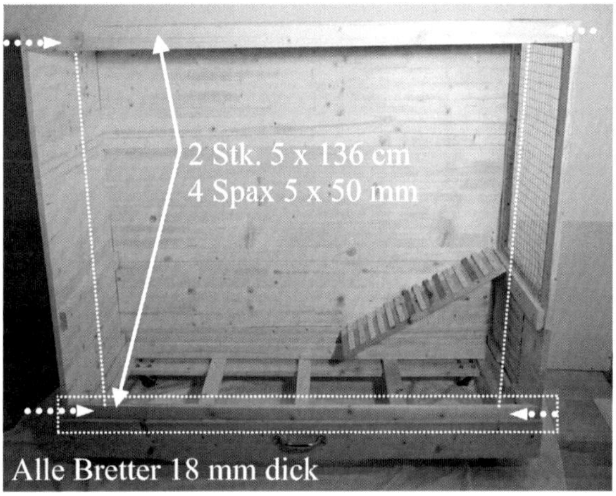

Für die weiteren Einbauten verstreben wir den Käfig an der Vorderseite mit 2 Leisten. Sie werden mit 5x50mm-Spax von der Seite angeschraubt (zuerst vorbohren wie bisher).

Während die obere Leiste bündig mit der Oberkante abschließt (Foto 9.2), lässt die Unterkante 5 mm Spalt zur Schubladen-Innenleiste (7.7). Der Höhenabstand zwischen den Leisten sollte beidseitig 100,5 cm betragen (vertikale gepunktete Linien in 9.1). Gegebenenfalls die Position der unteren Leiste entsprechend korrigieren.

9.2

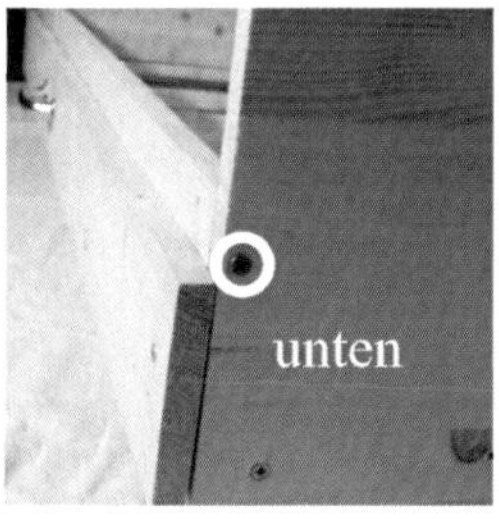

10. Erste Etage

Material 1. Etage, Höhenverstrebung	Menge	Maß
Leimholz Fichte, 18mm dick	1	56,4x136,4 cm
Leiste Fichte, 18mm dick	3	5x100,5 cm
Leiste Fichte, 18mm dick	1	5x56 cm
Leiste Fichte, 18mm dick	6	5x10 cm
Leiste Fichte, 18mm dick	2	5x60,5 cm
Spax-Schrauben 4 x 30 mm	16	
Spax-Schrauben 4 x 40 mm	6	

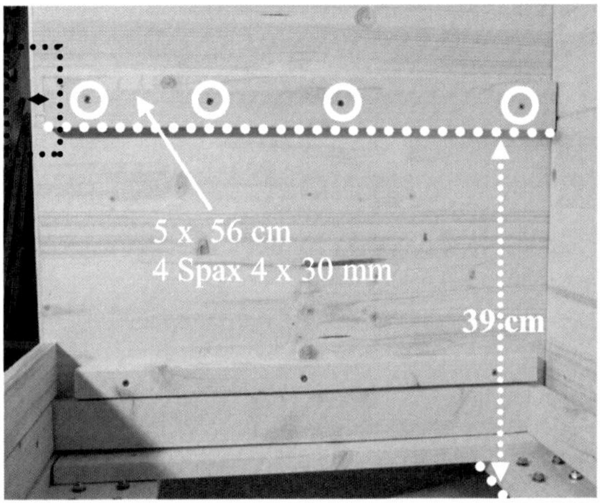

Wir bringen an der linken Seite die Auflagefläche für die 1. Etage an. Diese entspricht Schritt 6.6 (Anschlag für Auslaufklappe). Darauf achten, dass die Leiste parallel zum Käfigboden und auf gleicher Höhe sitzt wie der Anschlag aus Schritt 6.6. Verwende 4 x 30 mm Spax. Vorne mind. 2 cm Luft lassen (schwarze Markierung).

10.2

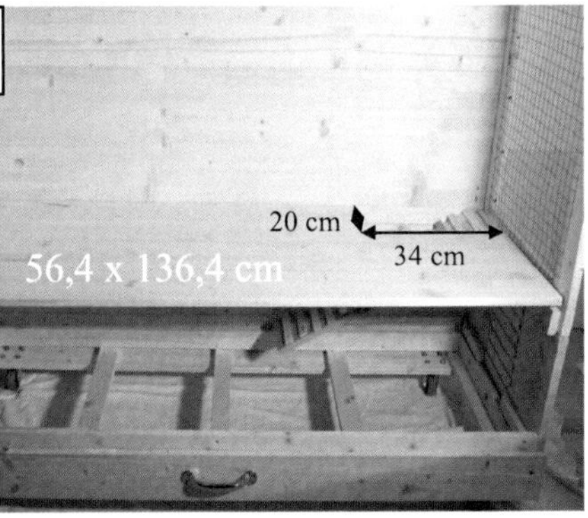

Die Fläche für die erste Etage misst 56,4 x 136,4 cm. Hinten rechts wird ein Rechteck von 20 x 34 cm ausgeschnitten. Schieb das Brett in den Käfig. Es liegt links und rechts auf den 5x56 cm-Leisten auf. Ein verzogenes Brett kann durch Ausrichtung der Auflageflächen angepasst werden.

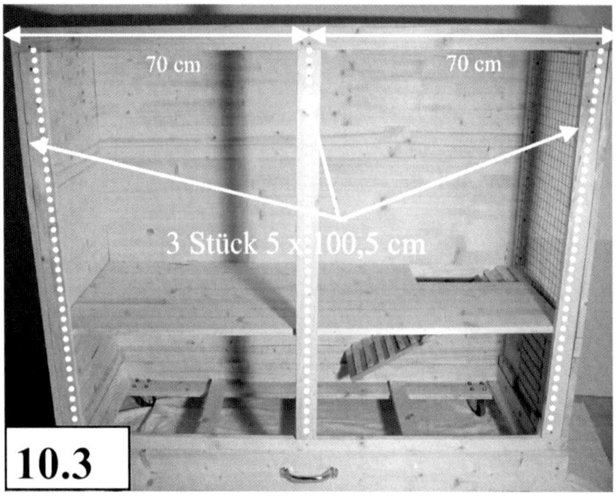

10.3

Vorne werden 3 Höhenverstrebungen eingesetzt. Dazu 3 Leisten 5 x 100,5 cm einpassen. Je nach Arbeitsgenauigkeit ist es notwendig, diese nachzubessern. Daher: zuerst ausmessen (vertikal, punktierte Linie). Die mittlere Strebe befindet sich genau in der Mitte des Käfigs.

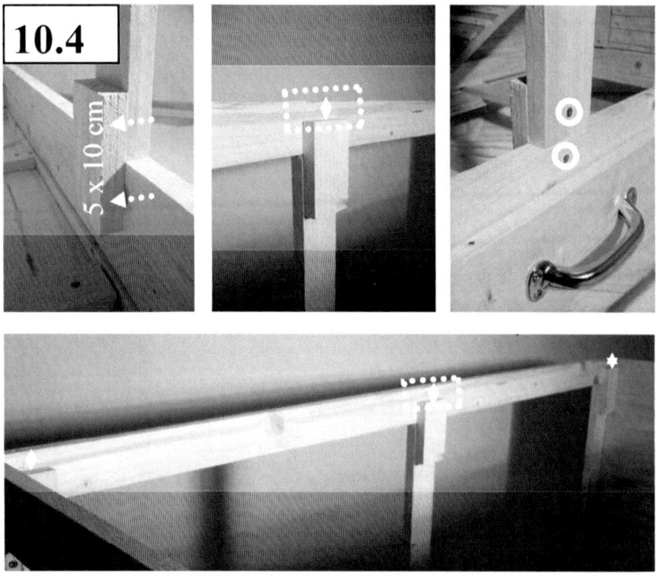

10.4

Für die Befestigung der 3 Höhenverstrebungen verwenden wir 6 Klötze 5 x 10 cm, 18 mm dick. Diese werden mit 4x30mm-Spax von der Vorderseite aus verschraubt. Wie auf den Fotos zu sehen, sitzt eine Schraube in der Längs- und eine in den Querverstrebung. Position der Klötze: wie auf den Fotos ersichtlich. Oben 1,8 cm Luft lassen (siehe Markierungen).

10.5

Dann verschrauben wir die Höhenverstrebungen noch seitlich (von außen). Dazu verwenden wir je 3 Stück 5x50mm-Spax (siehe Pfeilmarkierung). Zuerst die Löcher an den Seitenteilen wie gewohnt vorbohren (6mm-Bohrer, 9mm vom Rand entfernt), dann anschrauben.

10.6

Jetzt befestigen wir 2 Querleisten 5 x 60,5 cm an der ersten Etage. Dazu verwenden wir je 3 Stk. 4 x40mm-Spax. Die Löcher 9 mm über dem unteren Ende der Querleisten bohren. Die Leisten schließen die 1. Etage nach vorne ab.

11. Rückzugshaus

Material Rückzugshaus	Menge	Maß
Leimholz Fichte, 18mm dick	1	20x25 cm
Leimholz Fichte, 18mm dick	1	30x40 cm
Leimholz Fichte, 18mm dick	1	30x38 cm
Leimholz Fichte, 18mm dick	1	40x40 cm
Leiste Fichte, 18mm dick	1	2x25 cm
Leiste Fichte, 18mm dick	2	2x13 cm
Leiste	1	5x48,5 cm
Leimholz Fichte, 18mm dick	1	16,5x50 cm
Leiste Fichte, 18mm dick	10	0,5x15 cm
Scharniere einfach	2	
Spax-Schrauben 4 x 40 mm	12	
Spax-Schrauben 4 x 30 mm	6	
Holzschrauben 3 x 12mm	8	

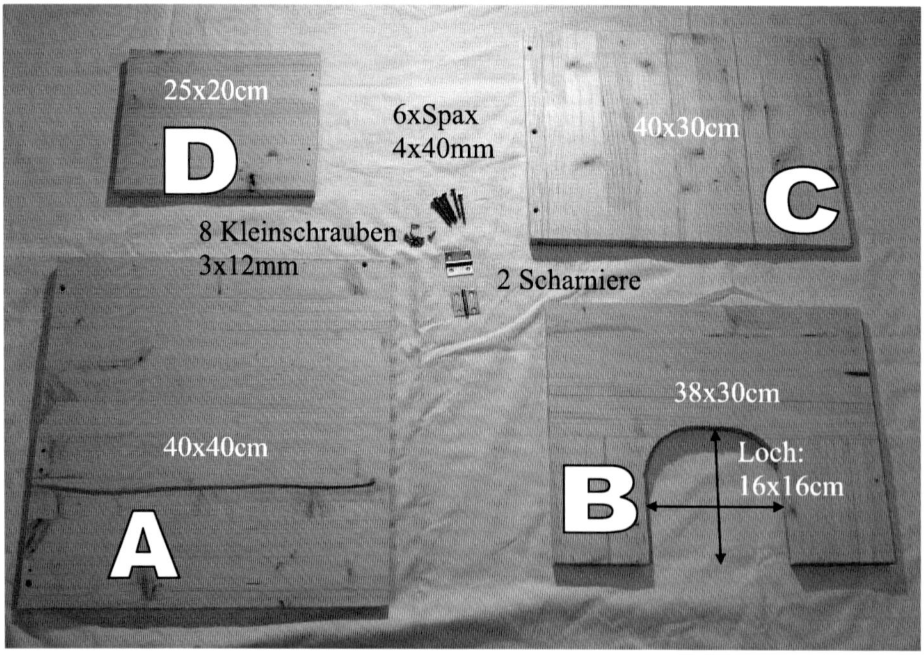

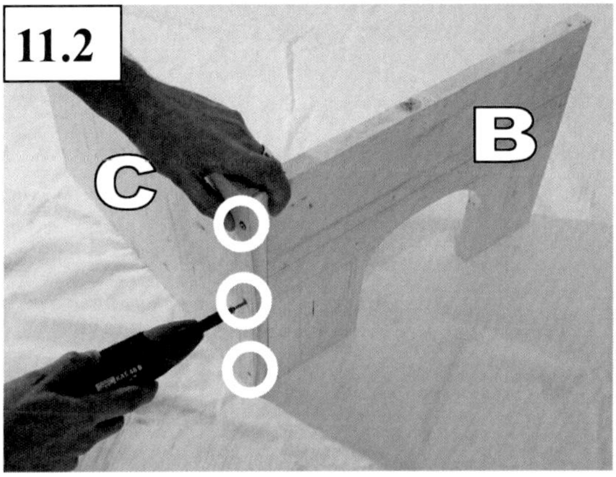

Teil B hat ein Loch (Eingang) in der Größe von 16x16cm, oben abgerundet. Dieses wird mit einer Stichsäge halbkreisförmig ausgeschnitten.

Verschraube die Teile B (mit Loch) und C miteinander. Verwende dazu 3 Schrauben 4x40mm.

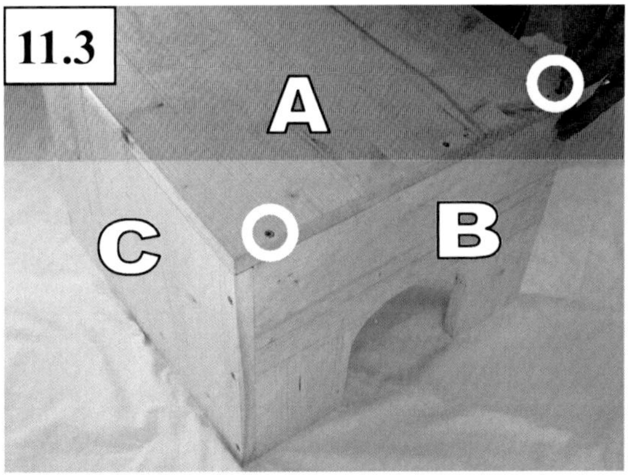

Jetzt kommt der Deckel darauf. Das Teil A wird wiederum mit 3 Schrauben 40x4mm auf die Teile C und B geschraubt. Setze die Schrauben ca. 9 mm vom Rand entfernt ein, damit sie in der Mitte der 18 mm dicken Bretter versenkt werden können. Das Haus ist auf zwei Seiten offen und liegt dort an der Käfigwand an.

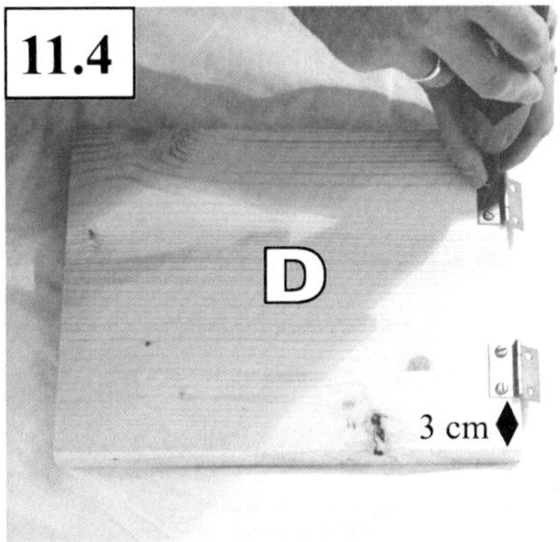

Das Teil D wird die Rampe auf die zweite Ebene des Käfigs. Die Scharniere sind dazu da, das ganze Haus zum Säubern zerlegen zu können. Schraube sie zuerst an Teil D an (mit den Kleinschrauben 3x12mm). Lass ca. 3 cm Platz zwischen Scharnier und Rand (schwarze Markierung).

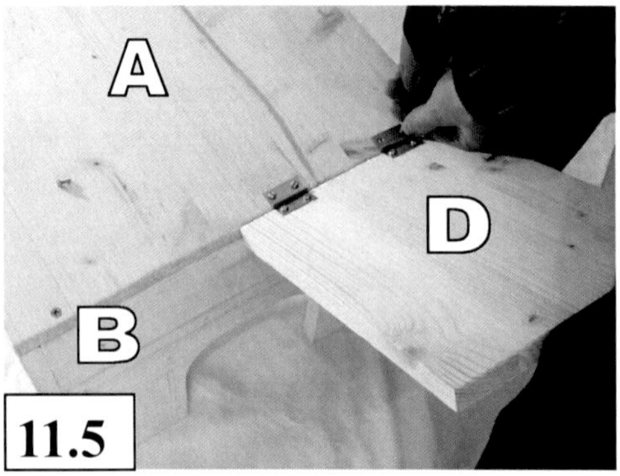

Jetzt kommt die Rampe an die Vorderseite des Kleintierhauses. Schraube sie bündig an den Rand von Teil A.

Das Rückzugshaus wird links hinten in der ersten Etage positioniert.

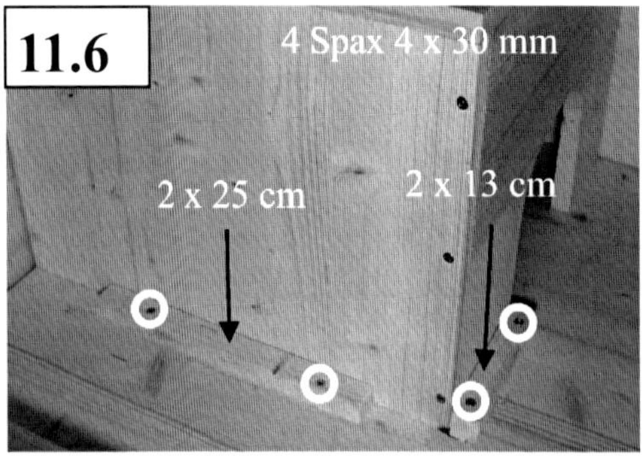

Wie auf dem Foto zu sehen, wird das Haus mit 2 Leisten fixiert. Verschraube die Leisten bündig und verwende je 2 Stück 4x30mm-Spax. Die Leisten mit einem 5mm-Bohrer vorbohren.

11.7

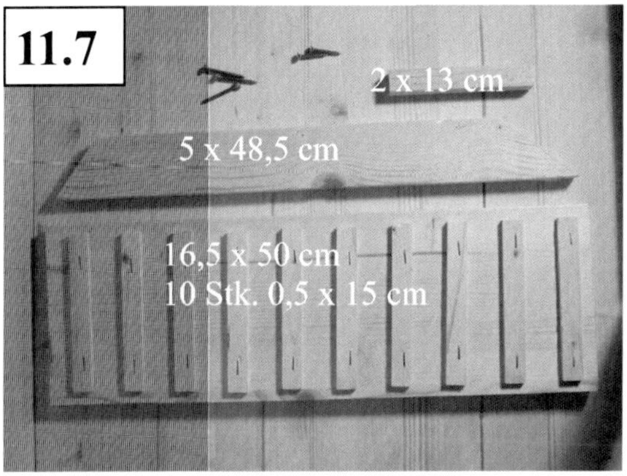

Jetzt kommt die Rampe, damit die Tiere bequem auf das Haus hinaufkommen.

11.8

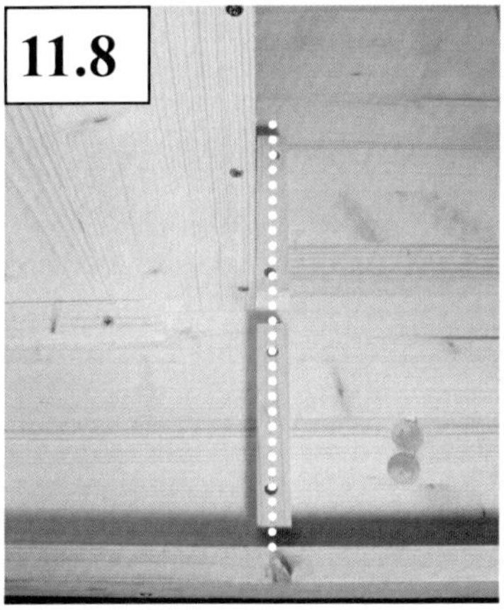

In direkter Verlängerung zum 2x13 cm Hausbefestigungsstück aus Schritt 11.6 bringen wir ein weiteres 2x13 cm-Stück an, wiederum mit 2 4x30mm-Spax.

Jetzt stellen wir die Rampe wie auf dem Foto links zu sehen auf. Sie verläuft genau diagonal an der Seitenwand des Hauses.

11.9

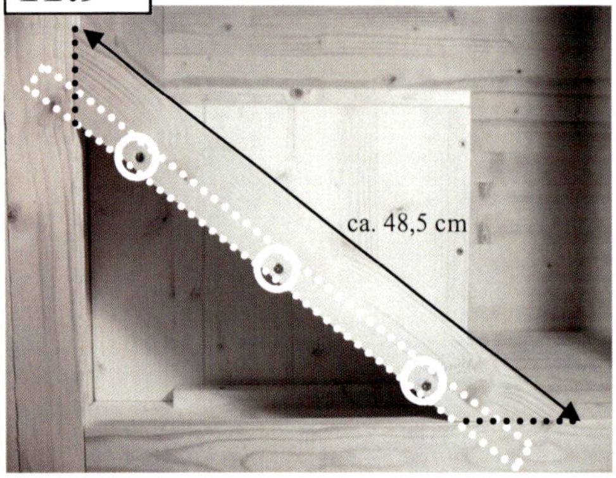

Den Abschluss der Rampe nach außen bildet das Diagonalstück (5x48,5cm). Zuerst Maß nehmen. Dazu die Rampe aufstellen und das Brett einmessen. Zeichne mit Bleistift die Winkel ein (schwarz gepunktete Markierung) und säge das Seitenbrett zurecht. Mit 4x40mm-Spax befestigen.

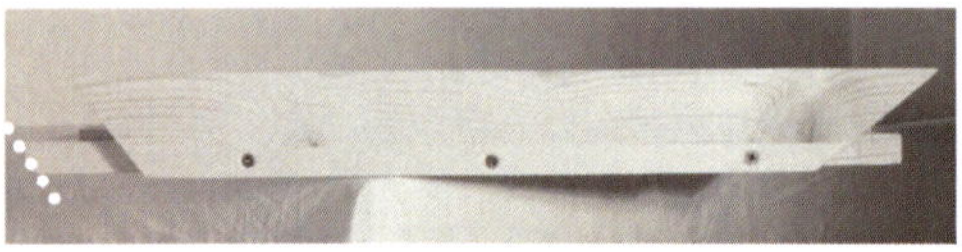

So sieht die fertige Rampe von der Seite aus. Sie sollte leicht herausnehmbar sein. Rampe oben abschrägen (punktiert).

Das Rückzugshaus: So sollte es jetzt aussehen. Alles schließt bündig ab.

12. Zweite Etage

Material 2. Etage	Menge	Maß
Leiste Fichte, 18mm dick	2	3,5x5 cm
Leiste Fichte, 18mm dick	1	5x69 cm
Leiste Fichte, 18mm dick	1	5x10 cm
Leimholz Fichte, 18mm dick	1	56,4x71 cm
Leiste Fichte, 18mm dick	1	5x60,5 cm
Leiste Fichte, 18mm dick	1	5x36,5 cm
Leiste Fichte, 18mm dick	1	5x16,5 cm
Spax-Schrauben 4 x 40 mm	6	
Spax-Schrauben 4 x 30 mm	10	

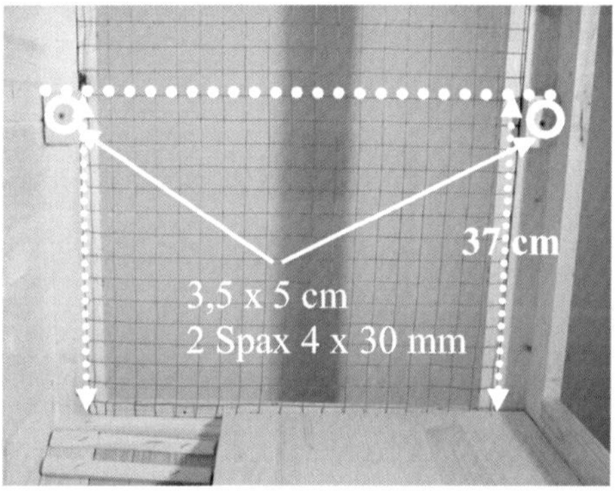

Für die zweite Etage bringen wir zuerst 2 Befestigungsklötze 3,5 x 5 cm links und rechts vom Gitter an. Deren (schmalere) Oberkante ist genau 37 cm über der ersten Etage. Zuerst mit Bleistift anzeichnen und dann die Klötze mit 4x30mm-Spax befestigen.

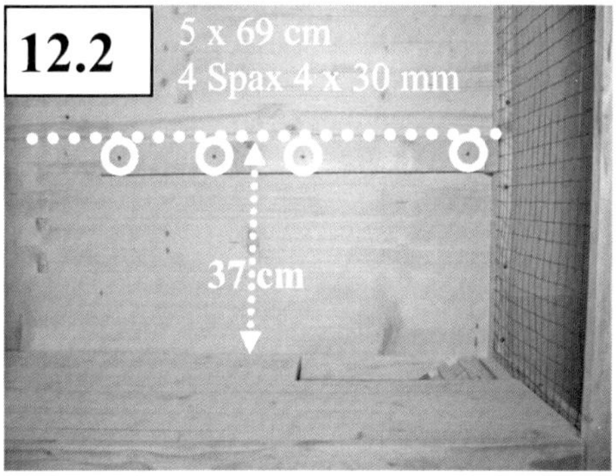

Auf gleicher Höhe befestigen wir an der Rückwand eine Leiste 5 x 69 cm mit 4 Spax 4x30mm. Sie verläuft genau parallel zur ersten Etage. Wieder zuerst mit Bleistift die genaue Höhe einzeichnen.

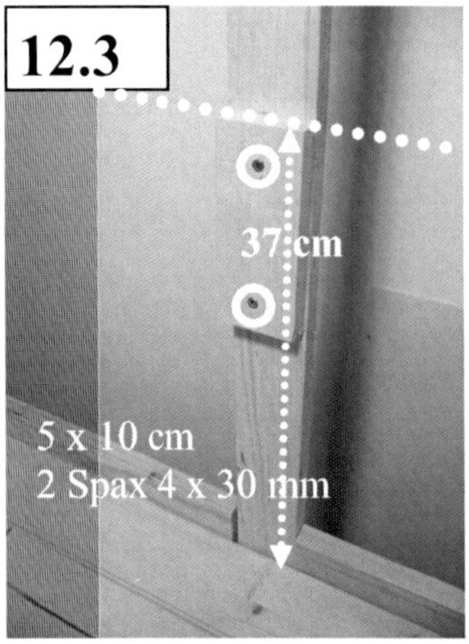

Die letzte Auflage für die 2. Etage bildet ein 5 x 10 cm-Klotz an der Rückseite der mittleren Höhenverstrebung. Die Befestigung erfolgt wie in den vorherigen Schritten.

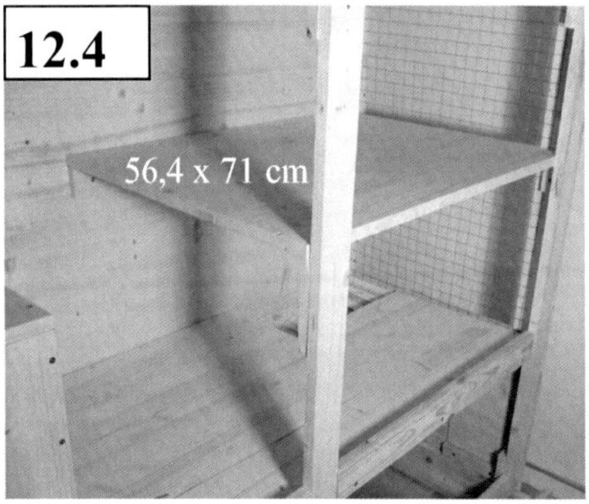

Jetzt können wir das Brett der 2. Etage einlegen (56,4 x 71 cm) und gegebenenfalls die Auflage noch korrigieren, wenn das Brett z. B. verzogen ist. Einfach die entsprechende Unterlage wieder abschrauben und auf korrigierter Höhe anschrauben.

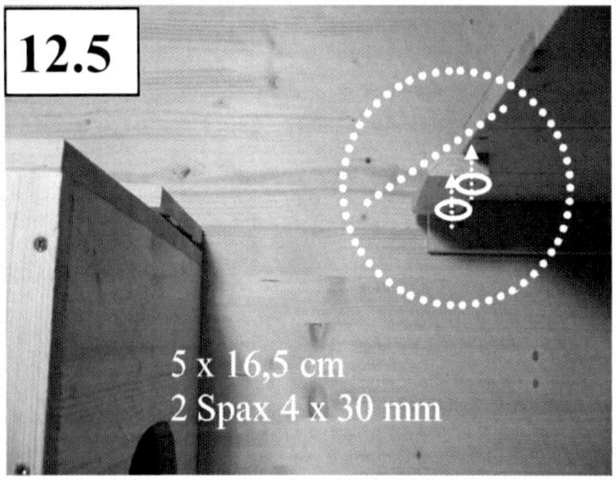

An der Unterseite des 2. Etagen-Bretts bringen wir eine 5x16,5 cm große Auflagefläche für die Brücke vom Haus auf die 2. Etage an (von unten angeschraubt). Diese wird an der Oberseite leicht angeschrägt (mit Schleifmaschine oder Hobel; schräg markiert).

Hier sieht man die Brücke und wie diese auf der Auflagefläche aufliegt.

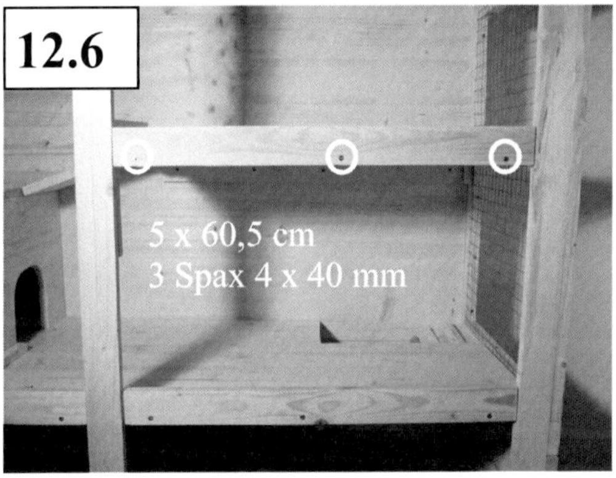

Gleich wie im Schritt 10.6 befestigen wir eine Leiste 5 x 60,5 cm an der Außenseite der 2. Etage. Die Leiste schließt unten bündig ab (wie bei der 1. Etage).

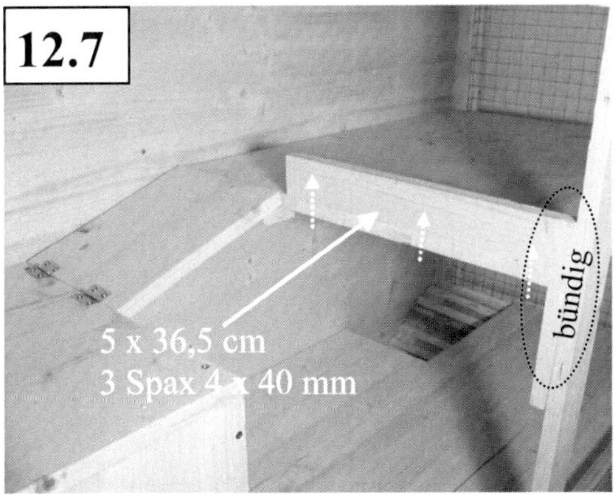

Zuletzt befestigen wir vorne noch ein Geländer. Die 5x36,5 cm Leiste wird von unten mit 4x40mm-Spax angebracht. Das Geländer schließt bündig mit der mittleren Höhenstrebe sowie dem Auflageklotz aus Schritt 12.3 ab (ovale Markierung).

13. Querstreben oben

Material Querstreben oben	Menge	Maß
Leiste Fichte, 18mm dick	3	5x56,4 cm
Spax-Schrauben 5 x 50 mm	6	

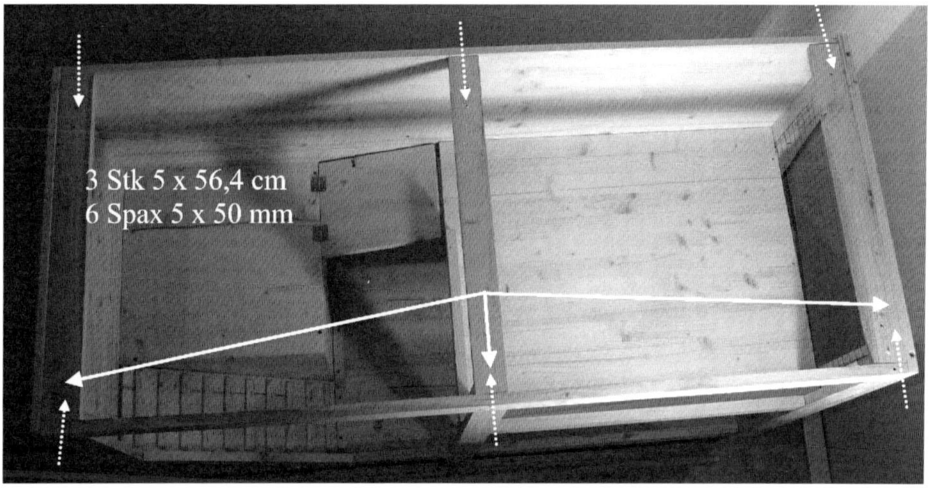

Für zusätzliche Stabilität des Käfigs montieren wir an der Oberseite 3 Querstreben. Diese schließen - wie auf Foto 13.2 zu sehen - bündig mit der Oberkante ab.

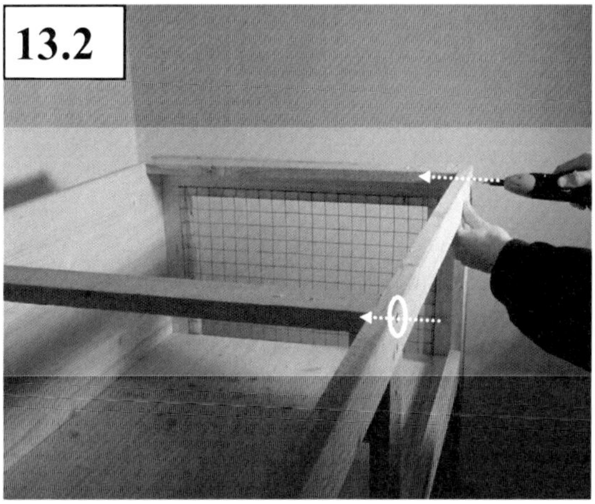

Die Querstreben werden von vorne bzw. von hinten mit je 2 Spaxschrauben 5x50mm verschraubt.

14. Türanschlag Mitte

Material Türanschlag Mitte	Menge	Maß
Leiste Fichte, **21mm dick**	2	3x12 cm
Spax-Schrauben 4 x 30 mm	4	

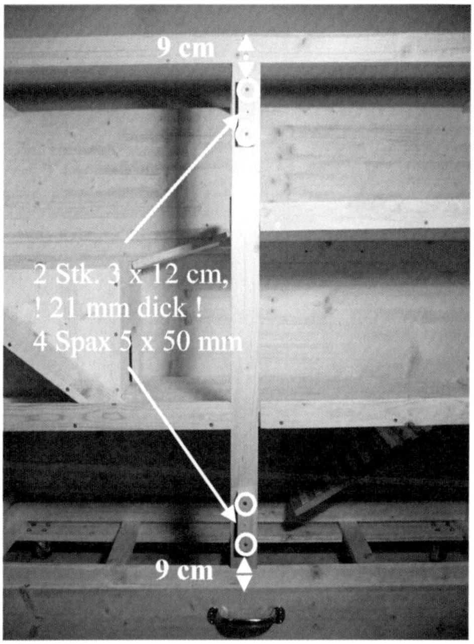

Der „Türanschlag Mitte" an der mittleren Höhenverstrebung wird mit 4x30mm-Spax angeschraubt. Der 3x12 cm messende Klotz hat oben (Oberkante obere Längsverstrebung) und unten (Oberkante Schublade) einen vertikalen Abstand von 9 cm. Der Anschlag wird horizontal genau mittig an der Höhenverstrebung angebracht.

15. Schublade Kunststoff

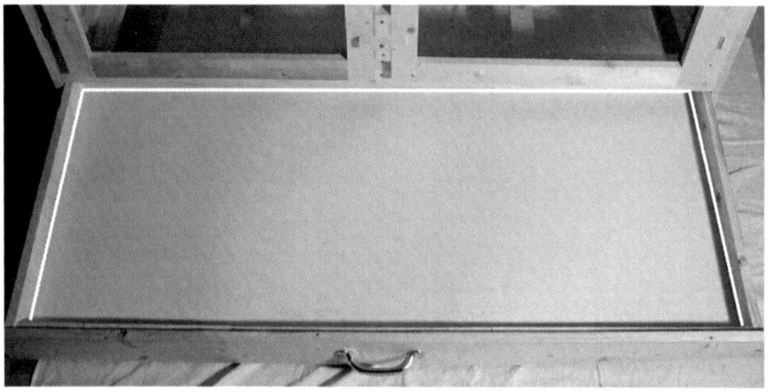

Jetzt montieren wir die 2 mm dicke Kunststoff-Platte an die Unterseite der Schublade. Dazu die Platte auf die Schublade auflegen und dann die entsprechenden Löcher bohren. Anschließend mit 4x30mm-Spax verschrauben. Bei Bedarf zusätzliche Schrauben anbringen. Das untere Foto zeigt das Ergebnis von oben.

Alternative: Befestigung mit Montagekleber; dazu das Polystyrol an den Klebeflächen mit Schleifpapier anrauen.

Die Schublade an der Innenseite mit Silikon ausfugen, damit keine Feuchtigkeit austreten kann.

16. Türen

Material Türen	Menge	Maß
Leiste Fichte, 18mm dick	4	5x52,5 cm
Leiste Fichte, 18mm dick	4	5x105,5 cm
Leiste Fichte, 18mm dick	2	2x9 cm
Spax-Schrauben 5 x 80 mm	8	
Spax-Schrauben 3 x 12 mm	32	
Spax-Schrauben 5 x 50 mm	2	
Plexiglas 3 mm stark	2	62,5 x 105,5 cm
Griff	2	
Türscharnier	4	

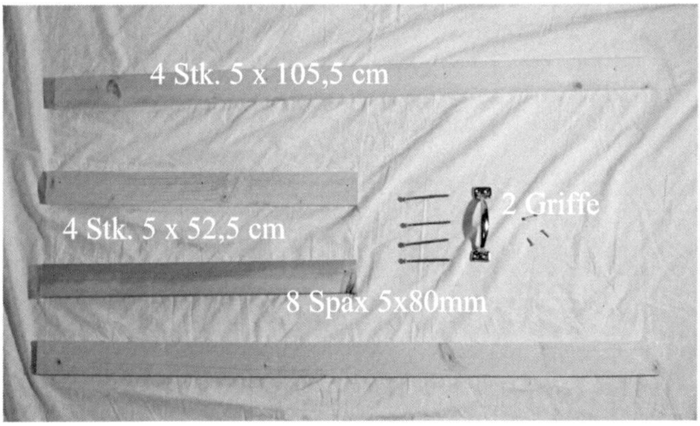

16.2

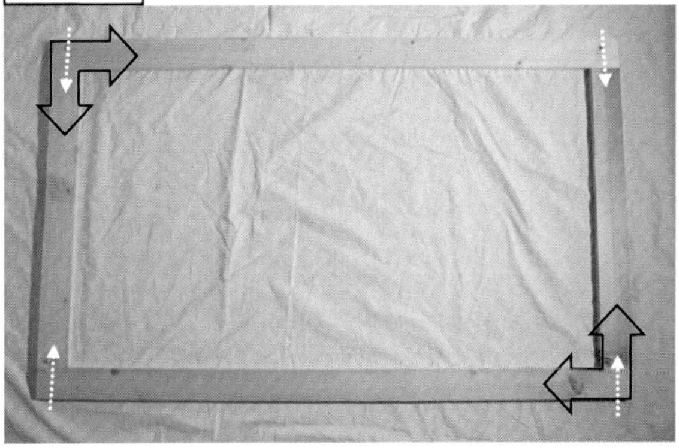

Achte auf den rechten Winkel beim Zusammenschrauben der Türen. Verschraube die (je) 4 Elemente mit 5 x 80mm-Schrauben von außen (Pfeile). Zuerst wie gewohnt die äußeren Leisten mit einem 6 mm-Bohrer vorbohren. Schön in der Mitte bohren!

16.3

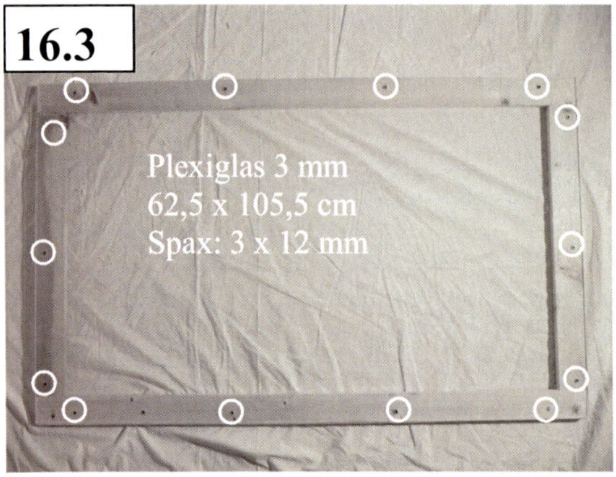

Jetzt das Plexiglas auf den Rahmen legen. Mit einem 3-mm-Bohrer vorbohren. VORSICHT: Mit hoher Drehzahl und geringem Druck bohren (Plexiglas ist sensibel!) Anschließend das Plexiglas mit 3x12mm-Spax festschrauben.

16.4

Jetzt befestigen wir die Türen mit zwei Schraubzwingen an der Vorderseite des Käfigs. Sie liegen in der Mitte bündig am Türanschlag an (14.4). Die Höhe so ausrichten, dass unten und oben gleich viel von der Längsverstrebungs-Breite abgedeckt wird (Schritt 9).

16.5

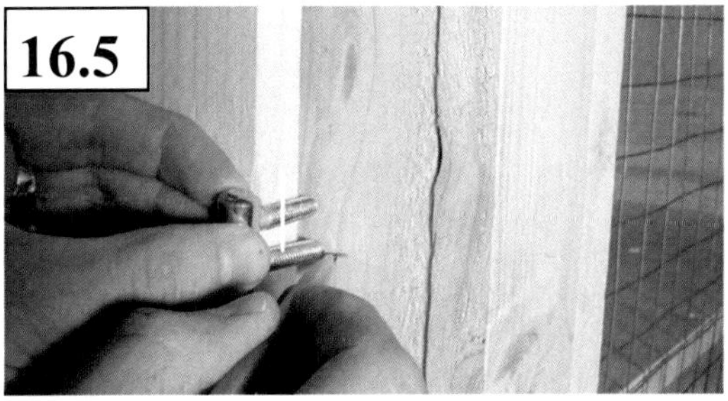

An den in Bild 16.4 mit Strich markierten Höhen die Türscharniere anbringen. Mit zusammengestecktem Scharnier die Höhe der notwendigen Löcher anzeichnen. Die Scharniere sitzen ca. 12 cm vom oberen/unteren Türrand entfernt.

Position der Löcher: Im Türrahmen: genau mittig. An der Höhenverstrebung: Scharnier außen an den Türrahmen halten, Position anzeichnen: Mittelpunkt Scharnier + 2 mm (siehe 16.6). Normalerweise liegt jedem Schraubscharnier eine Bohrschablone bei.

16.6

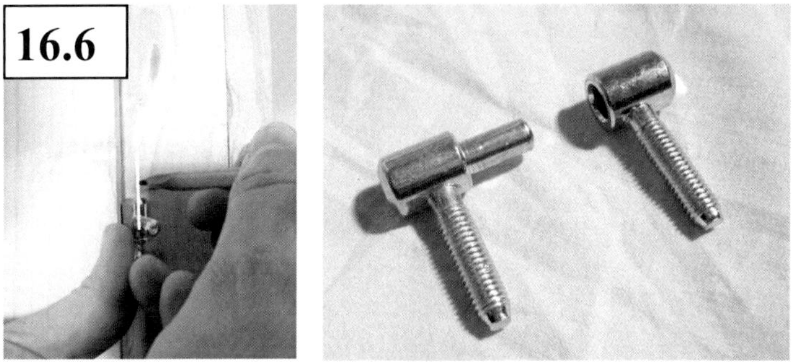

16.7

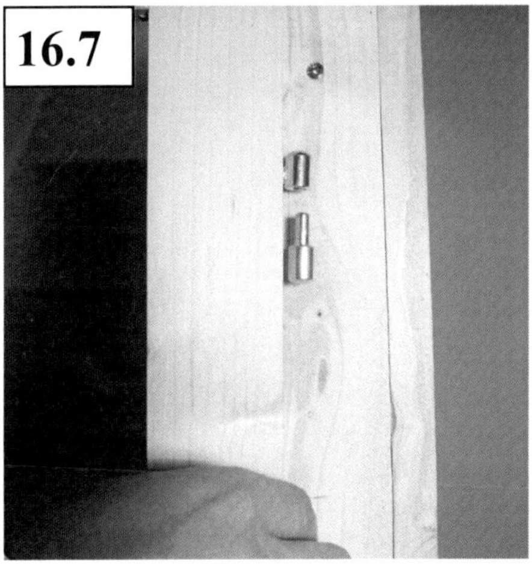

An den angezeichneten Positionen Löcher für die Scharnier-Schrauben bohren. In die Höhenverstrebung kommt das Teil mit dem Zäpfchen.

Dann die Türen einhängen und durch hinein- bzw. herausschrauben der Scharniere die Türen genau einpassen.

16.8

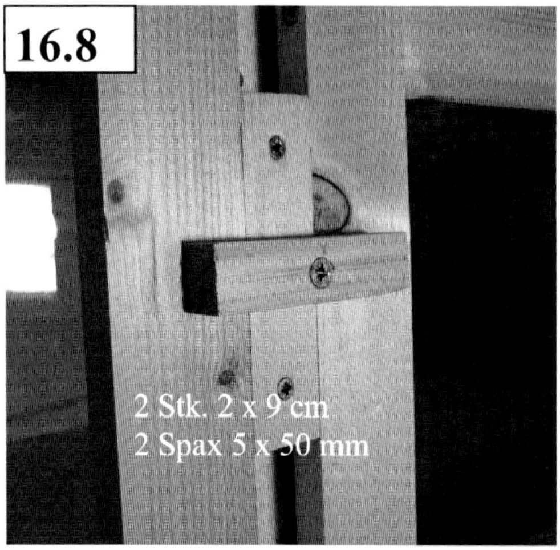

Genau in der Mitte des Türanschlags montieren wir das Verschluss-Klötzchen 2 x 9 cm mit einem 5x50mm-Spax. Das Klötzchen mit einem 6mm-Bohrer vorbohren.

16.9

Schließlich noch die Griffe wie zu sehen anschrauben. Diese je nach Geschmack ca. 32 cm unterhalb der Oberkante der Türen anbringen.

17. Finale - Das Dach!

Material Dach		
Leimholz Fichte, 18mm dick	1	66 x 150 cm
Leiste Fichte, 18mm dick	6	5x10 cm
Spax-Schrauben 5 x 50 mm	6	
Spax-Schrauben 4 x 30 mm	12	

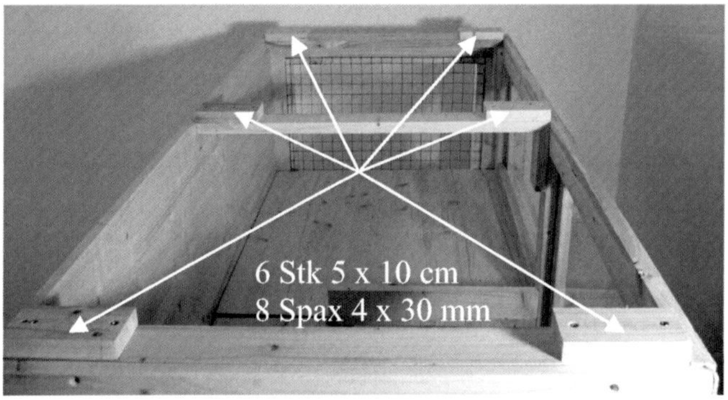

Ich habe mich dazu entschlossen, das Dach nicht direkt aufzuschrauben, sondern etwas Luft zu lassen, damit die Luft im Käfig besser zirkulieren kann.

Die 5 x 10 cm-Klötze kommen mittels je 2 Stück 4 x 30 mm-Schrauben in gewohnter Weise an die Querstreben.

17.3

Die Klötze samt Querstreben werden mit einem 6 mm-Bohrer in der Mitte vollständig durchbohrt.

17.4

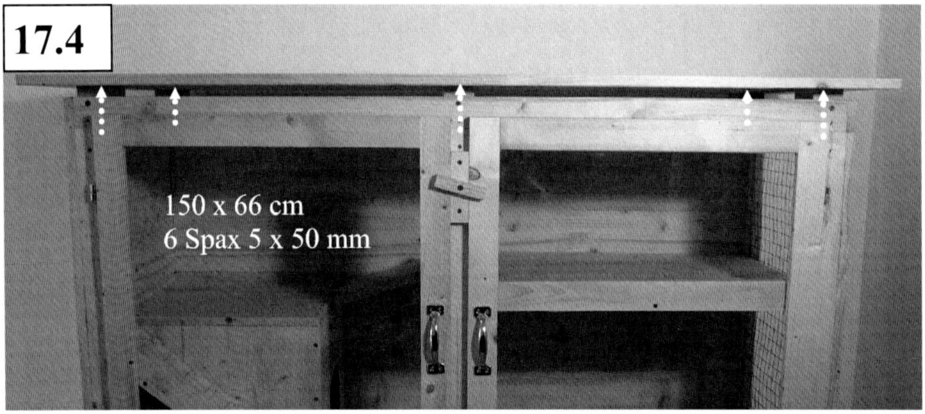

Durch eben diese Löcher verschrauben wir jetzt das Dach mit dem Käfig (von unten). Das Dach schließt hinten bündig mit der Rückwand ab, d. h. vorne ragt es 6 cm über den Käfig hinaus, links und rechts je 5 cm.

Fertig! Fertig? Na ja, es ist fast geschafft. Jetzt sollten wir uns noch Gedanken darüber machen, wie der Käfig auch in 5 Jahren noch gut ausschauen kann. Im täglichen Leben ist er zahlreichen Belastungen ausgesetzt. Flüssigkeiten aller Art und der Grund, warum Nager „Nager" genannt werden, „nagen" am Käfig.

Es empfiehlt sich daher, alle Holzflächen mit einer Lackierung zu versehen. Parkettlack erreicht hohe Festigkeitswerte, sollte aber nicht im Innenbereich eines Nagerkäfigs verwendet werden, da er ebenso wie die meisten anderen Lacke für die Tiere gesundheitsschädlich ist. Für den Innenbereich eignet sich „Kinderlack", der speziell für Spielzeug, Kindermöbel u. a. entwickelt wurde und daher nicht gesundheitsschädlich ist.

Nochmals möchte ich dir ans Herz legen, bei der Optik nicht zu streng mit den Kleinen zu sein. Der Käfig ist zum Wohnen da, ist also ein Gebrauchsgegenstand. Nagespuren und Flecken lassen sich nie ganz vermeiden. Wird das eine oder andere Einzelteil mit der Zeit unansehnlich, dreh es um oder tausche es aus.

Du hast den Käfig fertig gebaut? Gratuliere! Ich freue mich, wenn du mir berichtest, wie es dir beim Bau ergangen ist. Vielleicht hast du ein paar Fotos für mich? Sende dein Feedback an info@xoppla.net, die schönsten Projekte werden auf der Homepage vorgestellt!

Materialliste

Das ist die detaillierte Materialliste für den Käfig in der Standardgröße 140. Die anderen Varianten 120 und 160 findest du auf www.xoppla.net/buch, Kennwort „Materiallisten“. Damit du diese zwei Seiten nicht extra herauskopieren musst, kannst du sie dir ebenfalls dort herunterladen und ausdrucken.

Drahtgitter	1	52x72 cm
Griff	4	
Holzdübel rund	1	10 mm dick
Leimholz Fichte, 18mm dick	1	10x20 cm
Leimholz Fichte, 18mm dick	1	120x136,4 cm
Leimholz Fichte, 18mm dick	1	12x140 cm
Leimholz Fichte, 18mm dick	1	16,5x50 cm
Leimholz Fichte, 18mm dick	1	20x25 cm
Leimholz Fichte, 18mm dick	1	20x30 cm
Leimholz Fichte, 18mm dick	2	20x40 cm
Leimholz Fichte, 18mm dick	1	20x60 cm
Leimholz Fichte, 18mm dick	1	30x38 cm
Leimholz Fichte, 18mm dick	1	30x40 cm
Leimholz Fichte, 18mm dick	1	40x40 cm
Leimholz Fichte, 18mm dick	1	56,4x136,4 cm
Leimholz Fichte, 18mm dick	1	56,4x71 cm
Leimholz Fichte, 18mm dick	1	60x120 cm
Leimholz Fichte, 18mm dick	1	66 x 150 cm
Leiste Fichte, **21mm dick**	2	3x12 cm
Schrauben mit Muttern	16	6x35 mm
passende Beilagscheiben	32	
Plexiglas 3 mm stark	2	62,5 x 105,5 cm
Polystyrol 2 mm	1	58x136 cm
Scharniere einfach	4	
Türscharniere	4	
Transportrollen mit Stopper	2	
Transportrollen ohne Stopper	2	

Auf der Rückseite geht es weiter!

Leiste Fichte, 18mm dick	10	0,5x15 cm
Leiste Fichte, 18mm dick	22	0,5x18 cm
Leiste Fichte, 18mm dick	1	11x136,4 cm
Leiste Fichte, 18mm dick	2	2x13 cm
Leiste Fichte, 18mm dick	1	2x25 cm
Leiste Fichte, 18mm dick	2	2x46 cm
Leiste Fichte, 18mm dick	1	2x7 cm
Leiste Fichte, 18mm dick	2	2x70 cm
Leiste Fichte, 18mm dick	2	2x9 cm
Leiste Fichte, 18mm dick	2	3,5x5 cm
Leiste Fichte, 18mm dick	1	3,6x136,4 cm
Leiste Fichte, 18mm dick	2	3x16 cm
Leiste Fichte, 18mm dick	1	3x52 cm
Leiste Fichte, 18mm dick	13	5x10 cm
Leiste Fichte, 18mm dick	2	5x70 cm
Leiste Fichte, 18mm dick	3	5x100,5 cm
Leiste Fichte, 18mm dick	4	5x105,5 cm
Leiste Fichte, 18mm dick	1	5x132,4 cm
Leiste Fichte, 18mm dick	1	5x136 cm
Leiste Fichte, 18mm dick	2	5x136,4 cm
Leiste Fichte, 18mm dick	1	5x16,5 cm
Leiste Fichte, 18mm dick	1	5x36,5 cm
Leiste Fichte, 18mm dick	1	5x48,5 cm
Leiste Fichte, 18mm dick	4	5x52,5 cm
Leiste Fichte, 18mm dick	2	5x56 cm
Leiste Fichte, 18mm dick	10	5x56,4 cm
Leiste Fichte, 18mm dick	2	5x60 cm
Leiste Fichte, 18mm dick	3	5x60,5 cm
Leiste Fichte, 18mm dick	1	5x69 cm
Leiste Fichte, 18mm dick	1	8,5x136,4 cm
Spax-Schrauben 3 x 12 mm	56	
Spax-Schrauben 4 x 30 mm	105	
Spax-Schrauben 4 x 40 mm	40	
Spax-Schrauben 5 x 50 mm	51	
Spax-Schrauben 5 x 80 mm	13	

Anhang

Copyright - Wichtige Hinweise

Die Erstellung dieser Bauanleitung bedeutete lange Anstrengungen. Ich kann daher weder Kopien noch Weiterverbreitung oder Nachahmung tolerieren. Bitte folgenden Hinweis so zu verstehen.

Die Vervielfältigung, insbesondere das Kopieren (Fotokopie, Dateikopie, Bild- und Datenentnahme) und Verbreiten der Bauanleitung ist nicht gestattet und strafbar. Entwürfe, Zeichnungen, Detaillösungen und sämtlicher Inhalt dieser Bauanleitung sind urheberrechtlich geschützt. Nachahmung dieser Anleitung ist nicht gestattet.

Haftungsausschluss

Dieser Ratgeber und die darin enthaltene Bauanleitung wurden sorgfältig, nach bestem Wissen und Gewissen erstellt. Jede Haftung oder Gewährleistung für Probleme und Schäden im Zuge des Nachbaus und der weiteren Verwendung des Käfigs wird ausgeschlossen. Während des Baus wird dringend geraten, im Umgang mit Material und Werkzeug bzw. Maschinen die entsprechende Vorsicht walten zu lassen. Insbesondere wird unerfahrenen Handwerkern geraten, sich in die Bedienung von Werkzeug und Maschinen einschulen zu lassen, bevor mit dem Bau begonnen wird.